高分三号卫星极化数据处理——产品与技术

安文韬 林明淼 谢春华 袁新哲 崔利民 著

海洋出版社

2018年·北京

图书在版编目(CIP)数据

高分三号卫星极化数据处理产品与技术 / 安文韬等著. —北京：海洋出版社, 2018.8

ISBN 978-7-5210-0166-2

Ⅰ. ①高… Ⅱ. ①安… Ⅲ. ①卫星遥感－数据处理 Ⅳ. ①TP72

中国版本图书馆 CIP 数据核字 (2018) 第 181059 号

责任编辑：苏　勤
责任印制：赵麟苏

海洋出版社 出版发行
http://www.oceanpress.com.cn
北京市海淀区大慧寺路 8 号　邮编：100081
北京朝阳印刷厂有限责任公司印刷　新华书店经销
2018 年 8 月第 1 版　2018 年 8 月北京第 1 次印刷
开本：889 mm × 1194 mm　1 / 16　印张：4.75
字数：26.8 千字　定价：88.00 元
发行部：010-62132549　邮购部：010-68038093　总编室：010-62114335

前言

FOREWORD

合成孔径雷达卫星（Synthetic Aperture Radar Satellite）是一种不受云雾遮挡、不在乎白天还是夜晚均可获得地面高分辨率微波遥感图像的先进对地观测手段。我国首颗分辨率达到 1m 的民用雷达卫星——高分三号卫星（GF-3）于 2016 年 8 月 10 日发射升空，经在轨测试后于 2017 年 1 月 23 日正式投入使用。

截至 2017 年 12 月 31 日，GF-3 已获得遥感数据约 15.58 万景，其中全极化条带 1、全极化条带 2 和波模式 3 种全极化观测模式的数据约 12.74 万景。作者从中选择出一些遥感价值和图像美感兼具的数据，经处理和编辑形成本书，供广大高分三号卫星用户、雷达卫星科研人员和数据处理工作者以及普通公众赏析。

本书中展示的 GF-3 卫星极化产品主要经过了空间多视、极化滤波、极化分解和伪彩色合成等技术处理。本书的最后也对这些使用的极化数据处理技术进行了介绍，供读者重现处理过程和学者科学研究使用。

特别指出：后文中对图像反映实际地物信息的说明多依据极化特征由 SAR 专家解译获得，未经过现场实际勘查，因此存在解译说明错误的可能，望读者海涵。

安文韬

2018-2-15

目 录

CONTENTS

高分三号卫星极化数据处理产品赏析

在展示 GF-3 卫星极化产品之前，先稍微科普一些背景知识。高分三号卫星为获取遥感图像，首先会向地面发射微波频段的电磁波，电磁波在照射到地面后会被散射到各个方向，其中有一部分电磁波会恰好散射回高分三号卫星。高分三号卫星记录这些散射回的电磁波信息并下传到地面后，经过电脑的成像处理即可获得地面的高分辨率微波遥感图像。

极化是电磁波的一种固有属性特征。高分三号卫星具备 3 种可以完整测量电磁波极化信息的观测模式，分别是全极化条带 1 模式、全极化条带 2 模式和波模式。这 3 种观测模式的分辨率和幅宽如表 1 所示。本书中展示的产品基本来源于全极化条带 1 观测模式，因为该模式具有最高的分辨率和较大的幅宽。

表1　高分三号卫星3种全极化观测模式的分辨率和幅宽

序号	成像模式	分辨率 (m)	幅宽 (km)
1	全极化条带 1	8	30
2	全极化条带 2	25	40
3	波模式	10	5 × 5

通过极化分解技术可以由高分三号卫星获得的地面遥感图像中提取出地物的电磁波的散射特性，如是否包含体散射成分（典型如热带雨林）、面散射成分（典型如海面和裸地）和二次散射成分（典型如城区）。

通过伪彩色合成技术可将极化分解的结果表示成彩色图片进行展示，经典的上色方案是将体散射成分用绿色表示、将面散射成分用蓝色表示、将二次散射成分用红色表示，这样就获得了后文中展示的极化产品图像了。

经极化分解和伪彩色合成后的图像，非常适合人眼直接观察。图像中用人眼最熟悉的色彩信息，表示了地物的电磁散射特征，使得专家判读地物信息更为直观和方便。实际上，真实地物的电磁散射通常是多种散射成分共同作用的结果，而这一特性恰好可以被颜色合成的机制完美表达。如，二次散射的红色加体散射的绿色会显示为黄色；面散射的蓝色加体散射的绿色会显示为青色；面散射的蓝色加二次散射的红色会显示为品红色。红、绿、蓝三原色的不同组合形成不同颜色，而不同颜色恰好完美地表达了地物的不同电磁散射成分组合，这正是科学与艺术的完美结合。

极化分解加上伪彩色合成实现了雷达卫星数据符合人眼视觉特征的高品质图像显示，这不仅克服了雷达卫星数据人眼观测困难的固有缺陷，甚至为人类带来新的视觉美图享受。希望通过本书展示的这些美丽图像可以扩大高分三号卫星数据的公众影响，进而促进其在各领域的创新应用。

以大地为画布、以遥感卫星为画笔、以地物的电磁散射特性为颜料，能绘制出怎样的艺术作品呢？下面就请欣赏由大自然和人类共同创造的美丽影像。

1. 北京市东南部0908

观测日期： 2016 年 9 月 8 日。

中心点经纬度： 116.6° E，39.9° N。

覆盖范围： 宽（东西向）约 33.6 km，高（南北向）约 34.3 km。

数据源信息： 高分三号卫星，全极化条带 1 成像模式数据，中心点下视角：31.7°。

图像处理过程： 空间多视，NonLocal 滤波，修正 Freeman 分解，伪彩色合成。

图像说明： 图中左上角亮红色区域显示的北京四环以内的建筑区域非常清晰。望京和亦庄两个区域由于建筑的朝向接近 45°，因此显示为亮绿色。南苑机场跑道显示为黑色，什刹海和故宫护城河也显示为黑色。天坛公园显示为绿色。左上角靠近边界区域的鸟巢呈现明显的圆环形特征。

2. 北京市东北部 0908

观测日期：2016 年 9 月 8 日。

中心点经纬度：116.5° E，40.1° N。

覆盖范围：宽（东西向）约 33.5 km，高（南北向）约 34.3 km。

数据源信息：高分三号卫星，全极化条带 1 成像模式数据，中心点下视角：31.7°。

图像处理过程：空间多视，NonLocal 滤波，极化分解，伪彩色合成。

图像说明：北京东北部区域影像，图中右下角首都国际机场的跑道和 T3 航站楼区域清晰可见。沙河水库和其北侧机场的跑道呈现为明显的黑色。最北侧已经出现山地区域。

3. 黄海三角洲 1105

观测日期： 2016 年 11 月 5 日。

中心点经纬度： 119.1° E，37.8° N。

覆盖范围： 宽（东西向）约 41.7 km，高（南北向）约 50.3 km。

数据源信息： 高分三号卫星，全极化条带 1 成像模式数据，中心点下视角：21°。

图像处理过程： 空间多视，NonLocal 滤波，极化分解，伪彩色合成（幅度），图像增强。

图像说明： 图中不同颜色代表了不同的极化散射特征，这是由于植被覆盖、建筑、裸地等实际地物不同造成的。图中右上侧海洋区域可见明显的亮点，为海上船舶，其中亮点最密集的区域推测为黄河港船舶锚地。

4. 河北省白洋淀（雄安新区）1209

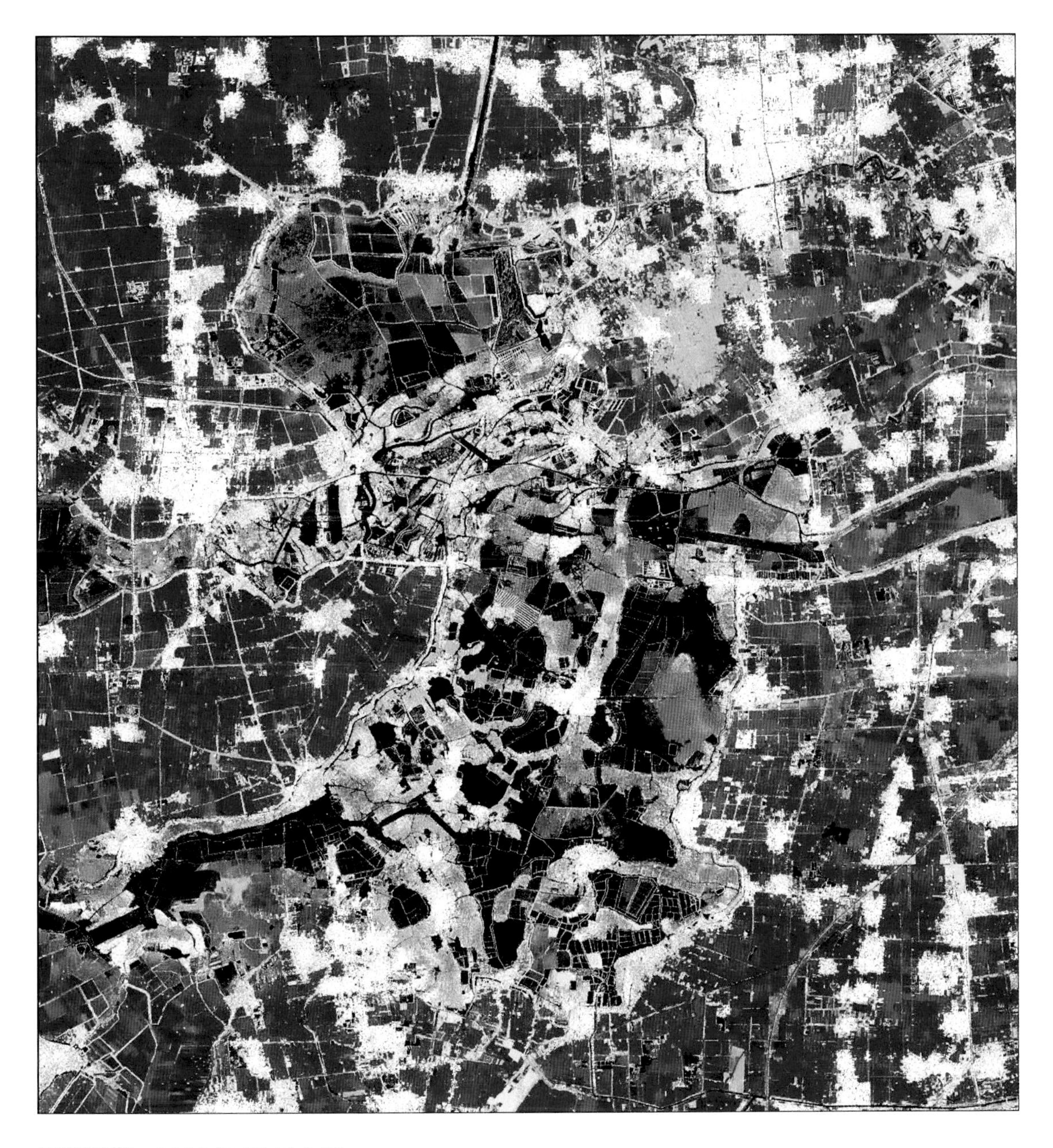

观测日期：2016 年 12 月 9 日。

中心点经纬度：115.9° E，38.9° N。

覆盖范围：宽（东西向）约 26.5 km，高（南北向）约 28.5 km。

数据源信息：高分三号卫星，全极化条带 1 成像模式数据，中心点下视角：42.24°。

图像处理过程：空间多视，NonLocal 滤波，修正 Freeman 分解，伪彩色合成。

图像说明：2017 年 4 月 1 日，中共中央、国务院决定设立雄安国家级新区，是千年大计、国家大事。在获得这一消息后对已观测的 GF-3 卫星数据进行检索，发现本数据。图中蓝色区域对应农田，中部黑色和红色区域对应白洋淀，右上角面积最大的粉亮色区域为雄县县城，左侧中部偏上的粉亮色区域为安新县城。

5. 江苏省海水养殖 1231

观测日期： 2016 年 12 月 31 日。

中心点经纬度： 121.3° E，32.8° N。

覆盖范围： 宽（东西向）约 38.9 km，高（南北向）约 41.8 km。

数据源信息： 高分三号卫星，全极化条带 1 成像模式数据，中心点下视角：26.17°。

图像处理过程： 空间多视，NonLocal 滤波，修正 Freeman 分解，伪彩色合成。

图像说明： 图中彩色条状特征清晰显示出了江苏省如东县潮间带上的海水养殖区域信息。图中蓝色区域大部分为海面，小部分存在阴暗纹理的区域为裸露滩涂。

6. 南海油气平台 0101

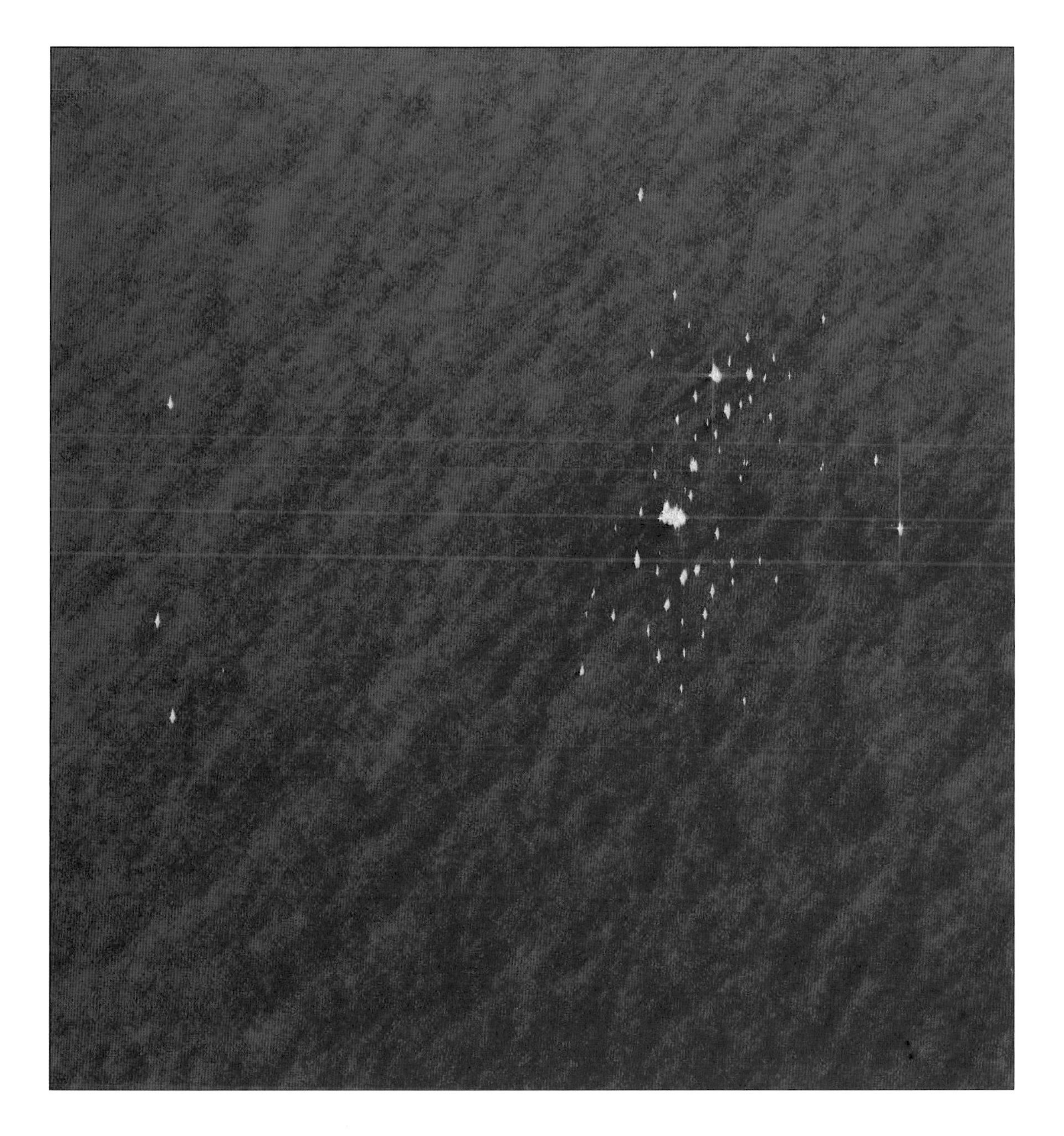

观测日期：2017 年 1 月 1 日。

中心点经纬度：114.7° E，5.2° N。

覆盖范围：宽（东西向）约 27.5 km，高（南北向）约 28.7 km。

数据源信息：高分三号卫星，全极化条带 1 成像模式数据，中心点下视角：37.69°。

图像处理过程：空间多视，NonLocal 滤波，修正 Freeman 分解，伪彩色合成。

图像说明：南海南部、文莱斯里巴加湾市以北海域的海上油田区域。图中亮绿色的海上石油平台目标非常明显，本图体散射以绿颜色表示，石油平台具备的复杂钢结构会造成较多的体散射成分，因此表现为亮绿色。面散射用蓝色表示，因此图中海面呈现蓝色，其中可以辨识出海浪造成的纹理。

7. 内蒙古自治区贝尔苏木 0112

观测日期：2017 年 1 月 12 日。

中心点经纬度：117.5° E，48.0° N。

覆盖范围：宽（东西向）约 32.7 km，高（南北向）约 35.3 km。

数据源信息：高分三号卫星，全极化条带 1 成像模式数据，中心点下视角：30.56°。

图像处理过程：空间多视，NonLocal 滤波，极化分解，伪彩色合成（幅度），图像增强。

图像说明：图中最明显的是一个圆形结构，其中心就是贝尔苏木。贝尔苏木是中国内蒙古自治区呼伦贝尔市新巴尔虎右旗下辖的一个乡镇级行政单位。右上角蜿蜒的线状地物为乌尔逊河。右下角粉色区域对应贝尔湖，其散射特征表现为粉色的原因还有待研究。

8. 黄河三角洲东北部 0119

观测日期： 2017 年 1 月 19 日。

中心点经纬度： 119.1° E，37.9° N。

覆盖范围： 宽（东西向）约 27.5 km，高（南北向）约 30.0 km。

数据源信息： 高分三号卫星，全极化条带 1 成像模式数据，中心点下视角：37.06°。

图像处理过程： 空间多视，NonLocal 滤波，修正 Freeman 分解，伪彩色合成。

图像说明： 图中下半部分为黄河三角洲，其中不同颜色代表了不同的极化散射特征，这是由于实际地面的植被覆盖类型不同造成的。图右上部分为海面，其中的船舶目标非常清晰。

9. 大连市金州湾 0122

观测日期： 2017 年 1 月 22 日。

中心点经纬度： 121.6° E，39.1° N。

覆盖范围： 宽（东西向）约 26.6 km，高（南北向）约 29.0 km。

数据源信息： 高分三号卫星，全极化条带 1 成像模式数据，中心点下视角：41.18°。

图像处理过程： 空间多视，NonLocal 滤波，去定向分解，伪彩色合成（幅度）。

图像说明： 海洋中的围填海区域即为大连金州湾国际机场，采取离岸填海建造人工岛的方式建设。2011 年 2 月填海工程获得辽宁省政府批准，2012 年初开始兴建。图下侧中部大连市体育中心的圆环状结构清晰可见。

10. 咸海北部 0404

观测日期： 2017 年 4 月 4 日。

中心点经纬度： 60.3° E，46.0° N。

覆盖范围： 宽（东西向）约 32.3 km，高（南北向）约 36.4 km。

数据源信息： 高分三号卫星，全极化条带 1 成像模式数据，中心点下视角：31.7°。

图像处理过程： 空间多视，极化分解，伪彩色合成。

图像说明： 咸海靠近北部海岸的一景 SAR 图像，位于哈萨克斯坦境内。图像中极化特征经伪彩色合成后呈现明显亮金色的龙形特征，非常独特。亮金色为红色和黄色的组合，表示存在二次散射特征，其边界处存在绿色体散射。

11. 咸海南部0404

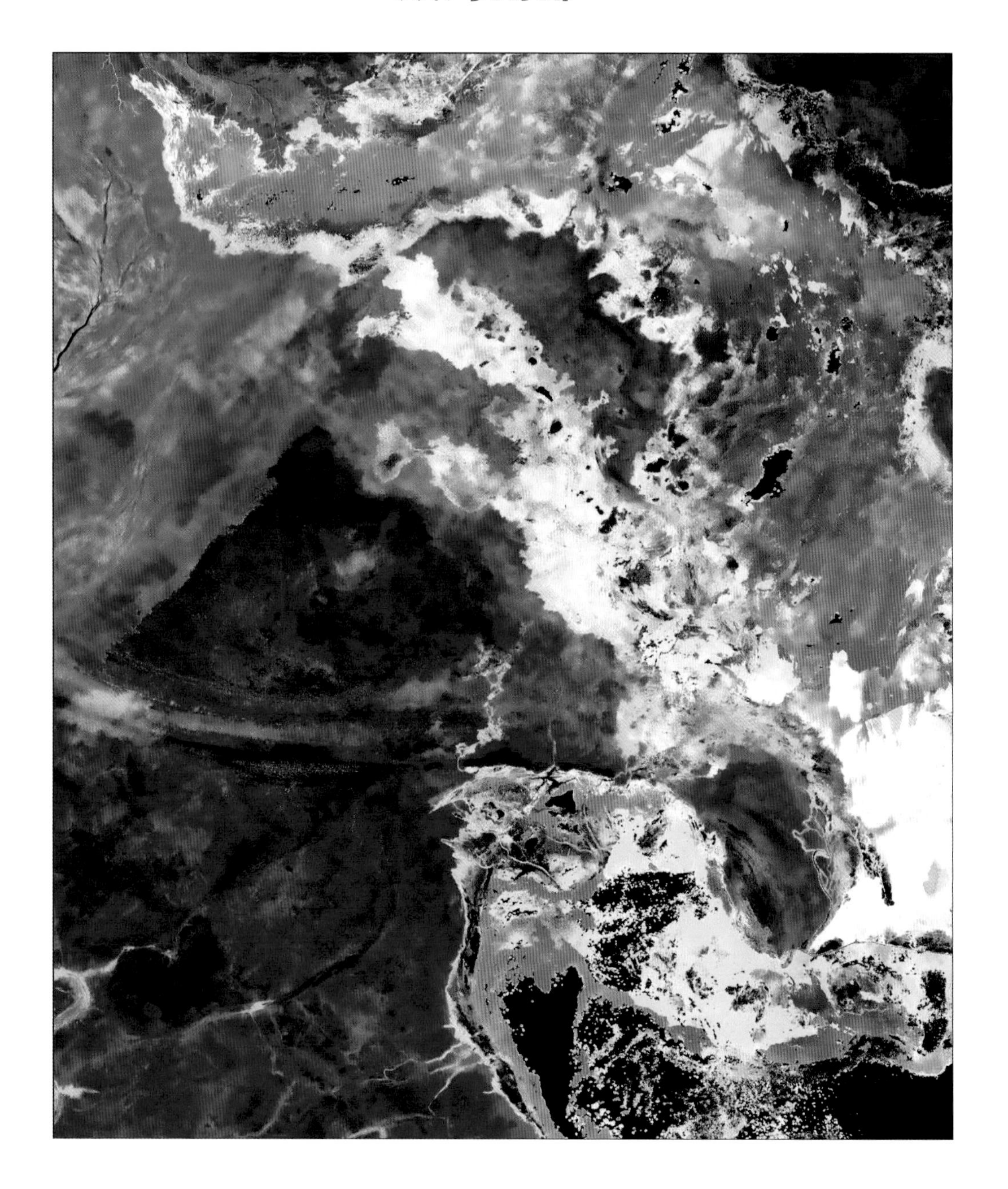

观测日期： 2017 年 4 月 4 日。

中心点经纬度： 59.7° E，43.7° N。

覆盖范围： 宽（东西向）约 31.1 km，高（南北向）约 36.4 km。

数据源信息： 高分三号卫星，全极化条带 1 成像模式数据，中心点下视角：31.7°。

图像处理过程： 空间多视，NonLocal 滤波，修正 Freeman 分解，伪彩色合成。

图像说明： 咸海南岸区域位于乌兹别克斯坦境内，其中蓝色区域为咸海干涸后的地表，红色区域推测为植被生长区域，黑色区域推测为水面，具体结果还有待考证。

12. 哈萨克斯坦锡尔河 0404

观测日期： 2017 年 4 月 4 日。

中心点经纬度： 67.9° E，41.3° N。

覆盖范围： 宽（东西向）约 33.9 km，高（南北向）约 34.3 km。

数据源信息： 高分三号卫星，全极化条带 1 成像模式数据，中心点下视角：31.7°。

图像处理过程： 空间多视，NonLocal 滤波，极化分解，伪彩色合成。

图像说明： 哈萨克斯坦南部，锡尔河南段。图的左、右两部分明显对应两种不同的地物，右侧存在大量人工耕种和居住的地物特征。锡尔河沿岸呈现绿色，显示可能存在一定覆盖度的植被。图像底部大面积黑暗区域对应 Shardara 水库的水面，水库与锡尔河相连。大坝的右侧存在明亮的城市建筑区域。

13. 日本有明海养殖 0405

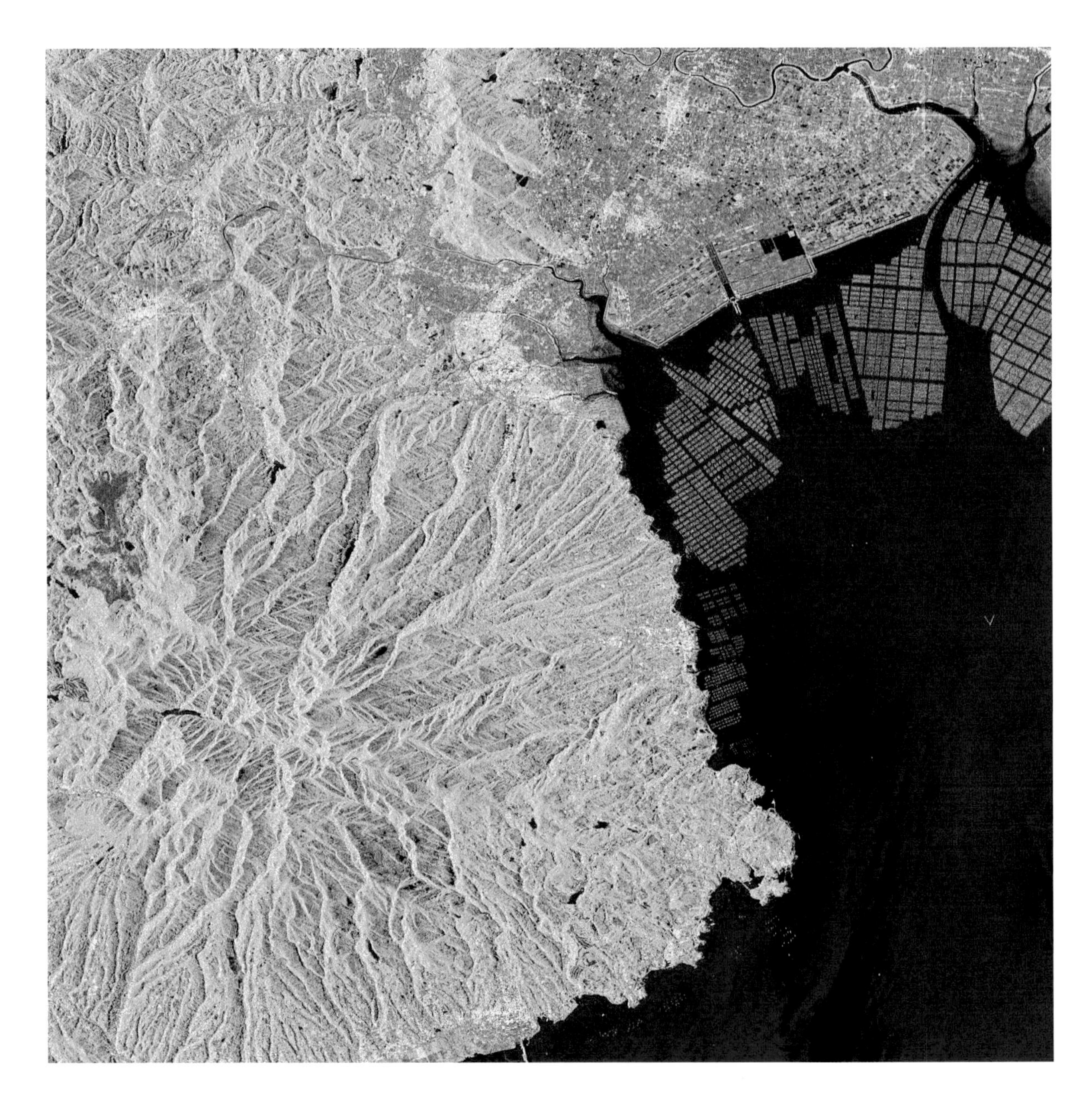

观测日期：2017 年 4 月 5 日。

中心点经纬度：130.1° E，33.0° N。

覆盖范围：宽（东西向）约 33.5km，高（南北向）约 34.4km。

数据源信息：高分三号卫星，全极化条带 1 成像模式数据，中心点下视角：31.70°。

图像处理过程：空间多视，修正 Freeman 分解，伪彩色合成（幅度）。

图像说明：图中所示区域位于日本长崎县以北，左下角山地区域为高良岳，右侧为有明海。有明海上的明显特征表明存在规划良好的海上养殖区域。

14. 长白山 0405

观测日期：2017 年 4 月 5 日。

中心点经纬度：128.1° E，42.0° N。

覆盖范围：宽（东西向）约 29.6 km，高（南北向）约 34.3 km。

数据源信息：高分三号卫星，全极化条带 1 成像模式数据，中心点下视角：31.70°。

图像处理过程：空间多视，NonLocal 滤波，修正 Freeman 分解，伪彩色合成。

图像说明：图中最醒目的就是长白山天池，天池周边海拔较高的区域显示为蓝色，根据极化分解和伪彩色合成的原理，表明这部分区域面散射占主要成分，而其他海拔较低的区域以表示体散射的绿色为主。这基本表明这些区域存在着大量林木覆盖。林木区域水流冲刷的路径清晰可见。

15. 新疆维吾尔自治区阿克兰干 0405

观测日期：2017 年 4 月 5 日。

中心点经纬度：79.2° E，37.2° N。

覆盖范围：宽（东西向）约 33.4 km，高（南北向）约 34.4 km。

数据源信息：高分三号卫星，全极化条带 1 成像模式数据，中心点下视角：31.7°。

图像处理过程：空间多视，NonLocal 滤波，极化分解（Helix），伪彩色合成。

图像说明：图中右上角规划良好的植被区域即为新疆和田地区的阿克兰干村的现代化新型团场（"阿克兰干"维吾尔语意为寸草不生之地）。其左侧亮绿色区域为皮亚勒马乡。图下部山区为千基塔格山。本图最亮的区域在图中间靠右的位置，位于公路南侧，推测为人口聚居的城镇区域。

16. 韩国南海岸 0405

观测日期： 2017 年 4 月 5 日。

中心点经纬度： 128.3° E，34.7° N。

覆盖范围： 宽（东西向）约 34.3 km，高（南北向）约 34.4 km。

数据源信息： 高分三号卫星，全极化条带 1 成像模式数据，中心点下视角：31.7°。

图像处理过程： 空间多视，NonLocal 滤波，极化分解，伪彩色合成（幅度）。

图像说明： 韩国南部海岸区域影像。图下部区域显示风自南向北吹过岛屿后在岛屿北部表现出明显的海气相互作用现象。图最上部靠近陆地区域存在浮筏养殖的图像特征。

17. 乌克兰耕地 0418

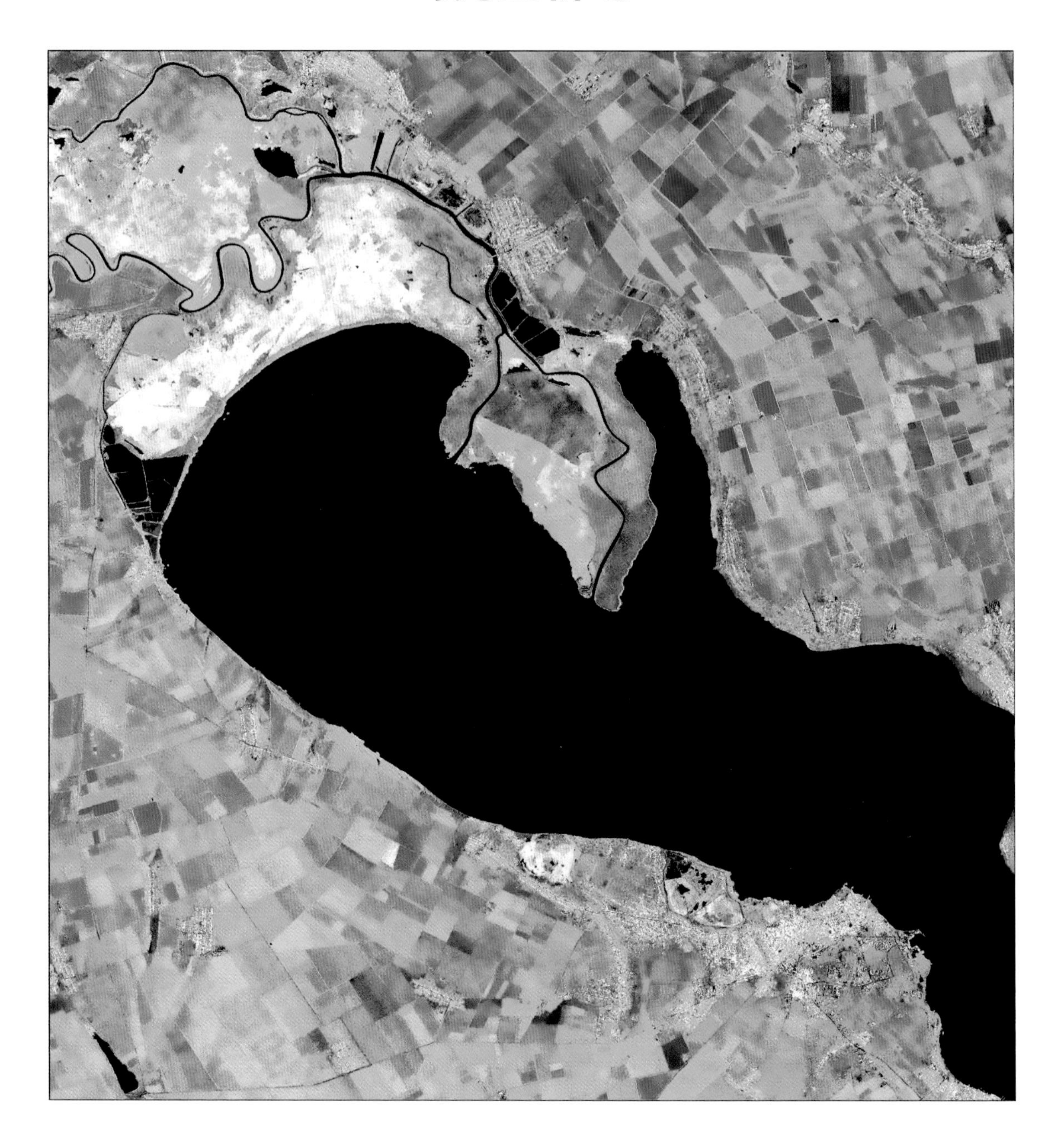

观测日期：2017 年 4 月 18 日。

中心点经纬度：30.2° E，46.3° N。

覆盖范围：宽（东西向）约 34.5 km，高（南北向）约 36.4 km。

数据源信息：高分三号卫星，聚束成像模式数据，中心点下视角：31.7°。

图像处理过程：空间多视，NonLocal 滤波，极化分解（Helix），伪彩色合成。

图像说明：乌克兰南部、靠近黑海西北角的一个深入陆地的水域。图中左上角为德涅斯特河下游国家公园。右下角水域南岸最大的红色面积区域为比尔哥罗德第聂斯特罗夫斯基市建筑区。图中最明显的特征是水域两岸陆地上分布着规律的农田区域。

18. 青海省独特地貌 0503

观测日期： 2017 年 5 月 3 日。

中心点经纬度： 130.1° E，33.0° N。

覆盖范围： 宽（东西向）约 33.5 km，高（南北向）约 34.4 km。

数据源信息： 高分三号卫星，全极化条带 1 成像模式数据，中心点下视角：31.70°。

图像处理过程： 空间多视，修正 Freeman 分解，伪彩色合成（幅度）。

图像说明： 极具视觉冲击力的一景图像，位于我国青海省西北部。图中下方较暗区域推测为水面，左下角为农田，在农田的上部为一小型人类生活建筑区域，其北侧紧邻 G315 国道。

19. 山东省东营市 0503

观测日期： 2017 年 5 月 3 日。

中心点经纬度： 118.8° E，37.4° N。

覆盖范围： 宽（东西向）约 33.8 km，高（南北向）约 34.3 km。

数据源信息： 高分三号卫星，全极化条带 1 成像模式数据，中心点下视角：31.70°。

图像处理过程： 空间多视，NonLocal 滤波，Helix 分解，伪彩色合成。

图像说明： 山东省东营市遥感图像。图中部存在一个明显的龙型区域，对应胜利天鹅湖风景区。左上角亮红色区域对应东营市区。图右侧为渤海的莱州湾海域。图中大部分区域对应规划良好的农田。

20. 江苏省连云港市 0503

观测日期： 2017 年 5 月 3 日。

中心点经纬度： 119.4° E，34.7° N。

覆盖范围： 宽（东西向）约 31.9 km，高（南北向）约 32.8 km。

数据源信息： 高分三号卫星，全极化条带 1 成像模式数据，中心点下视角：31.70°。

图像处理过程： 空间多视，修正 Freeman 分解，伪彩色合成（幅度）。

图像说明： 图中部偏左绿色的两座山，左侧为花果山风景区、右侧为云台山国家森林公园，颜色偏绿说明两座山上有大量植被覆盖。山北红色区域对应连云港市城区建筑区域。图左下角为东辛农场。本图最大特点为右上海洋区域中若隐若现的海上养殖区域，其面积已经超过了陆地上的农业用地面积。

21. 美国加州隆波克 0505

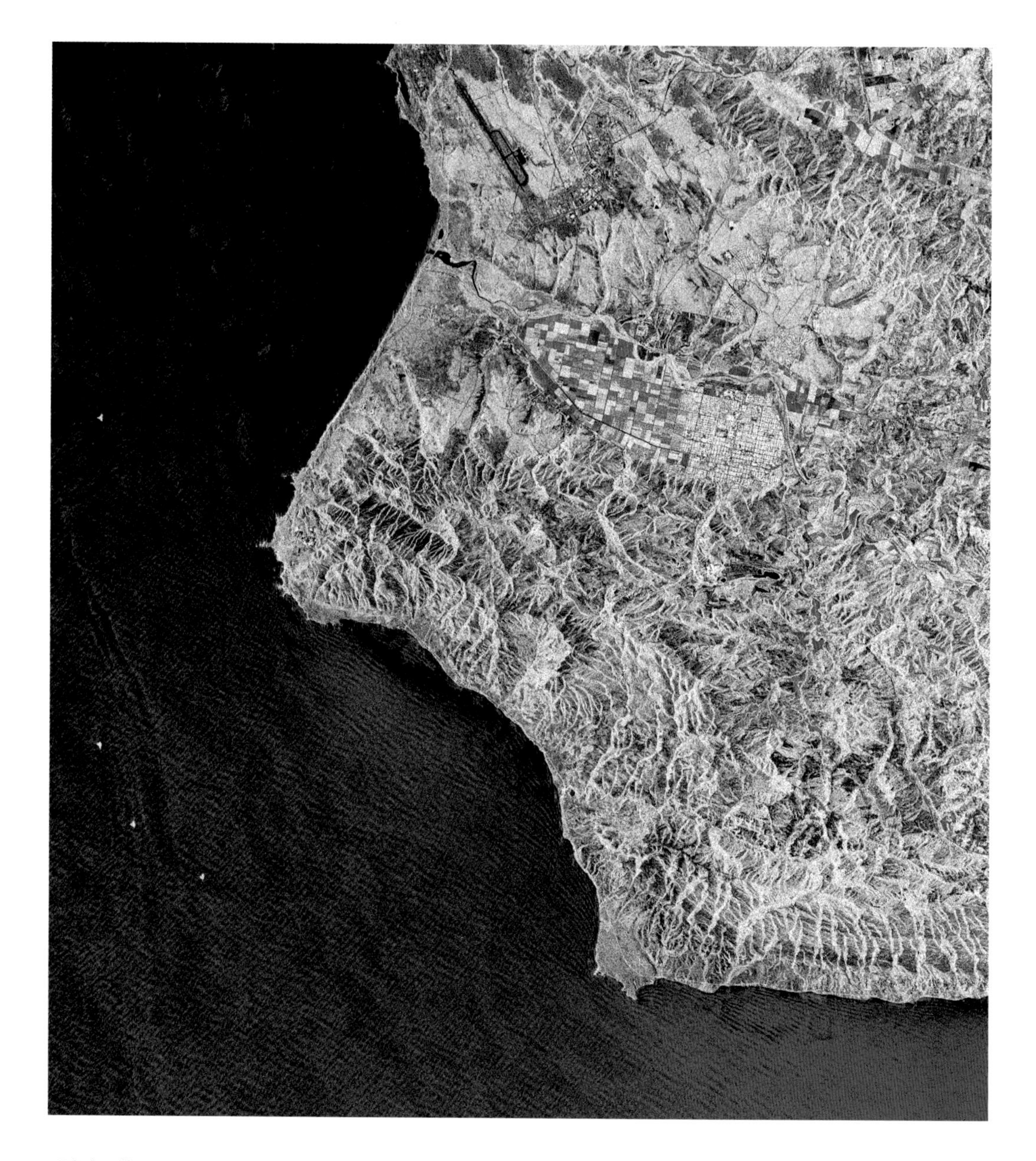

观测日期： 2017 年 5 月 5 日。

中心点经纬度： 120.5° W，34.6° N。

覆盖范围： 宽（东西向）约 41.8 km，高（南北向）约 43.0 km。

数据源信息： 高分三号卫星，全极化条带 2 成像模式数据，中心点下视角：29.03°。

图像处理过程： 空间多视，极化分解（Helix），伪彩色合成。

图像说明： 图中右上部大部分为山区，在山区中包裹着一个形状类似于鞋底的平原区域，这就是美国加州西海岸的隆波克，其西半部为规划良好的农田，东半部为人类聚居区。本图右下部分的海洋区域存在明显的海浪条纹，且包括向海岸方向传播和沿海岸方向传播两种传播方向近乎垂直的两类波浪条纹。

22. 西藏那曲地区 0506

观测日期：2017 年 5 月 6 日。

中心点经纬度：88.2° E，32.3° N。

覆盖范围：宽（东西向）约 31.3 km，高（南北向）约 34.4 km。

数据源信息：高分三号卫星，全极化条带 1 成像模式数据，中心点下视角：31.7°。

图像处理过程：空间多视，极化分解（修正 Freeman 分解），伪彩色合成。

图像说明：图中右下部为山区，左上部为一个湖泊。本图最明显的特征是存在着由山区向湖泊延伸的雪山融水冲刷痕迹。冲刷痕迹在靠近山顶的地方通常比较集中，在靠近湖泊时会逐渐呈扫帚状扩散。

23. 越南金瓯省 0524

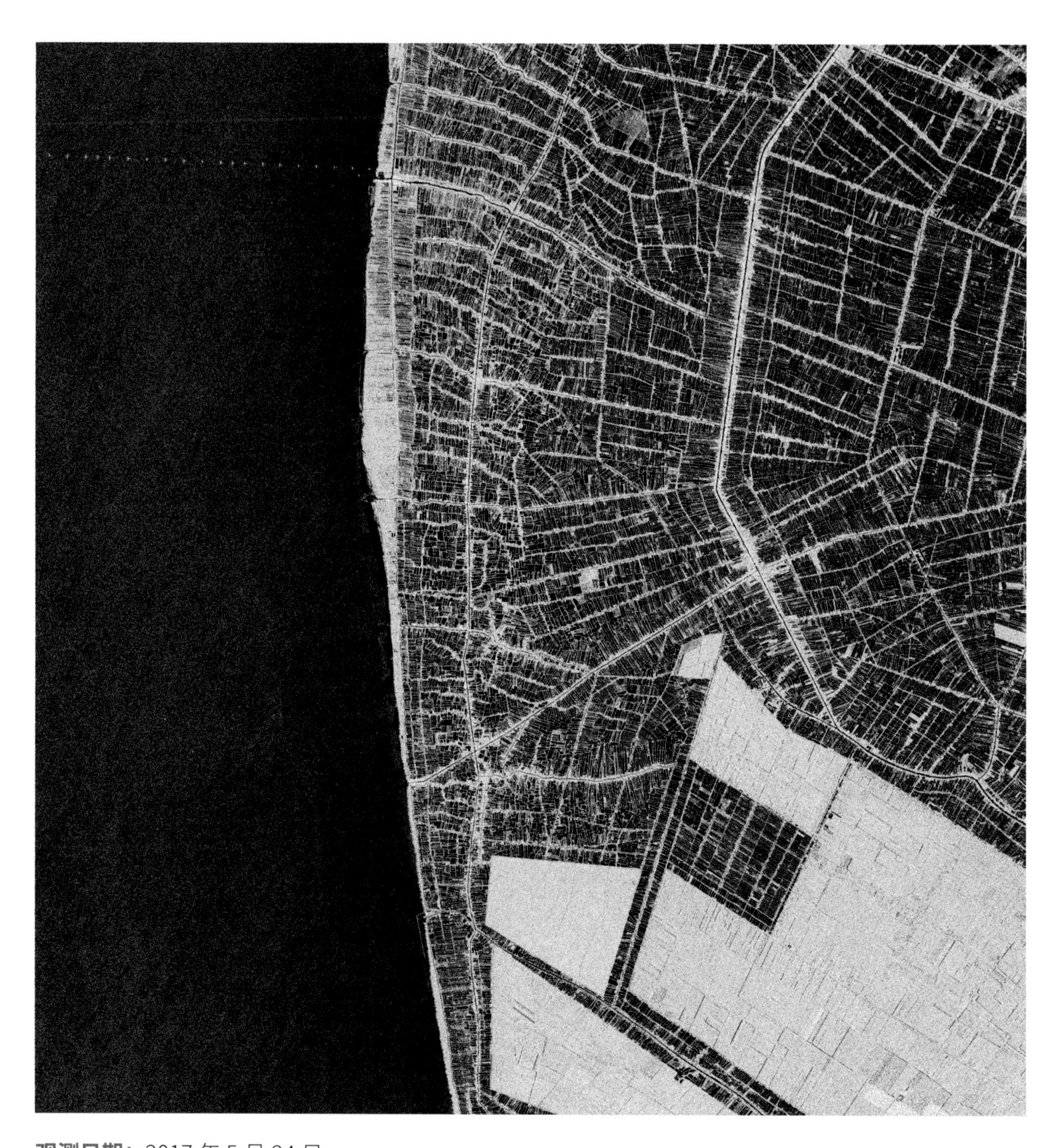

观测日期：2017 年 5 月 24 日。

中心点经纬度：104.9° E，9.6° N。

覆盖范围：宽（东西向）约 33.5 km，高（南北向）约 34.5 km。

数据源信息：高分三号卫星，全极化条带 1 成像模式数据，中心点下视角：31.7°。

图像处理过程：空间多视，极化分解（修正 Freeman 分解），伪彩色合成。

图像说明：越南国土南端金瓯省，西侧水域为泰国湾水域。图中右部分呈现独特的农耕区域地物特征，小的农耕区块划分得十分细长，且非常密集。左上角海域中存在近似等间隔的海上点目标。

24. 埃及开罗以东 0601

观测日期：2017 年 6 月 1 日。

中心点经纬度：31.7° E，30.3° N。

覆盖范围：宽（东西向）约 31.6 km，高（南北向）约 34.4 km。

数据源信息：高分三号卫星，全极化条带 1 成像模式数据，中心点下视角：31.7°。

图像处理过程：空间多视，NonLocal 滤波，极化分解（Helix），伪彩色合成。

图像说明：埃及开罗以东区域。图中右上部和下部为规划良好的城镇区域，其中建筑物由于朝向不同造成不同的散射特征，经极化分解处理后显示为不同颜色，与卫星观测方向垂直的显示为红色，与观测方向近似 45° 的显示为黄绿色，左侧绿色区域推测为植被覆盖的农田区域。

25. 日本富士山 0603

观测日期： 2017 年 6 月 3 日。

中心点经纬度： 138.7° E，35.3° N。

覆盖范围： 宽（东西向）约 28.1 km，高（南北向）约 34.4 km。

数据源信息： 高分三号卫星，全极化条带 1 成像模式数据，中心点下视角：31.7°。

图像处理过程： 空间多视，NonLocal 滤波，极化分解（Helix），伪彩色合成。

图像说明： 图中蓝色区域对应富士山的高海拔区域，其余绿色区域为植被覆盖区，本图的富士山存在着明显的迎坡缩短背坡拉长的 SAR 图像独有的特点。左下角红色区域为富士宫市，右上角黑色区域为山中湖，上部纹理区域应为高尔夫球场。

26. 美国华盛顿州尤里卡 0603

观测日期： 2017 年 6 月 3 日。
中心点经纬度： 118.7° W，46.3° N。
覆盖范围： 宽（东西向）约 30.4 km，高（南北向）约 34.3 km。
数据源信息： 高分三号卫星，全极化条带 1 成像模式数据，中心点下视角：31.7°。
图像处理过程： 空间多视，极化分解（Helix），伪彩色合成。
图像说明： 美国华盛顿州尤里卡周边农田，图中最明显的特征是圆形的灌溉区域。

27. 俄罗斯东部环形山 0620

观测日期： 2017 年 6 月 20 日。

中心点经纬度： 134.7° E，57.7° N。

覆盖范围： 宽（东西向）约 34.6 km，高（南北向）约 36.4 km。

数据源信息： 高分三号卫星，全极化条带 1 成像模式数据，中心点下视角：31.7°。

图像处理过程： 空间多视，极化分解，伪彩色合成。

图像说明： 俄罗斯东部，靠近鄂霍次克海的区域。图中左下角存在一个环形山区域，其中积雪融水形成的河流从环形山北侧流出。整幅图呈现绿色，说明地表有较多植被覆盖。河流流经区域显示为蓝色，表明面散射占主要成分。

28. 埃及新河谷省农田 0625

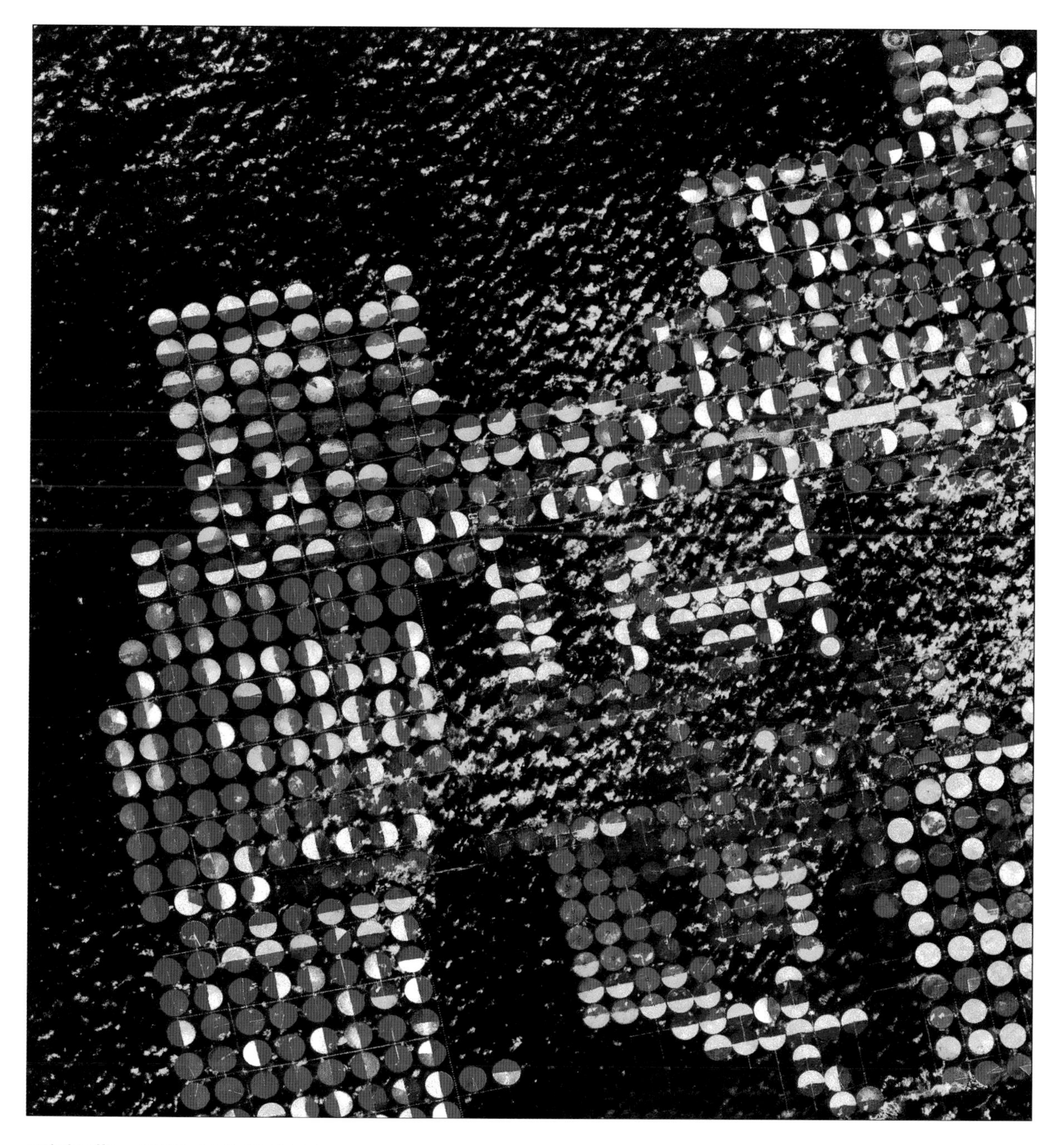

观测日期：2017 年 6 月 25 日。

中心点经纬度：28.3° E，22.7° N。

覆盖范围：宽（东西向）约 33.3 km，高（南北向）约 34.4 km。

数据源信息：高分三号卫星，全极化条带 1 成像模式数据，中心点下视角：31.7°。

图像处理过程：空间多视，NonLocal 滤波，极化分解，伪彩色合成。

图像说明：埃及新河谷省农田区域。图中自动灌溉形成的圆斑排列得非常整齐，特征明显。圆斑呈现出不同颜色推测是因为正在灌溉造成地面水分分布不同引起的。

29. 俄罗斯额尔齐斯河 0628

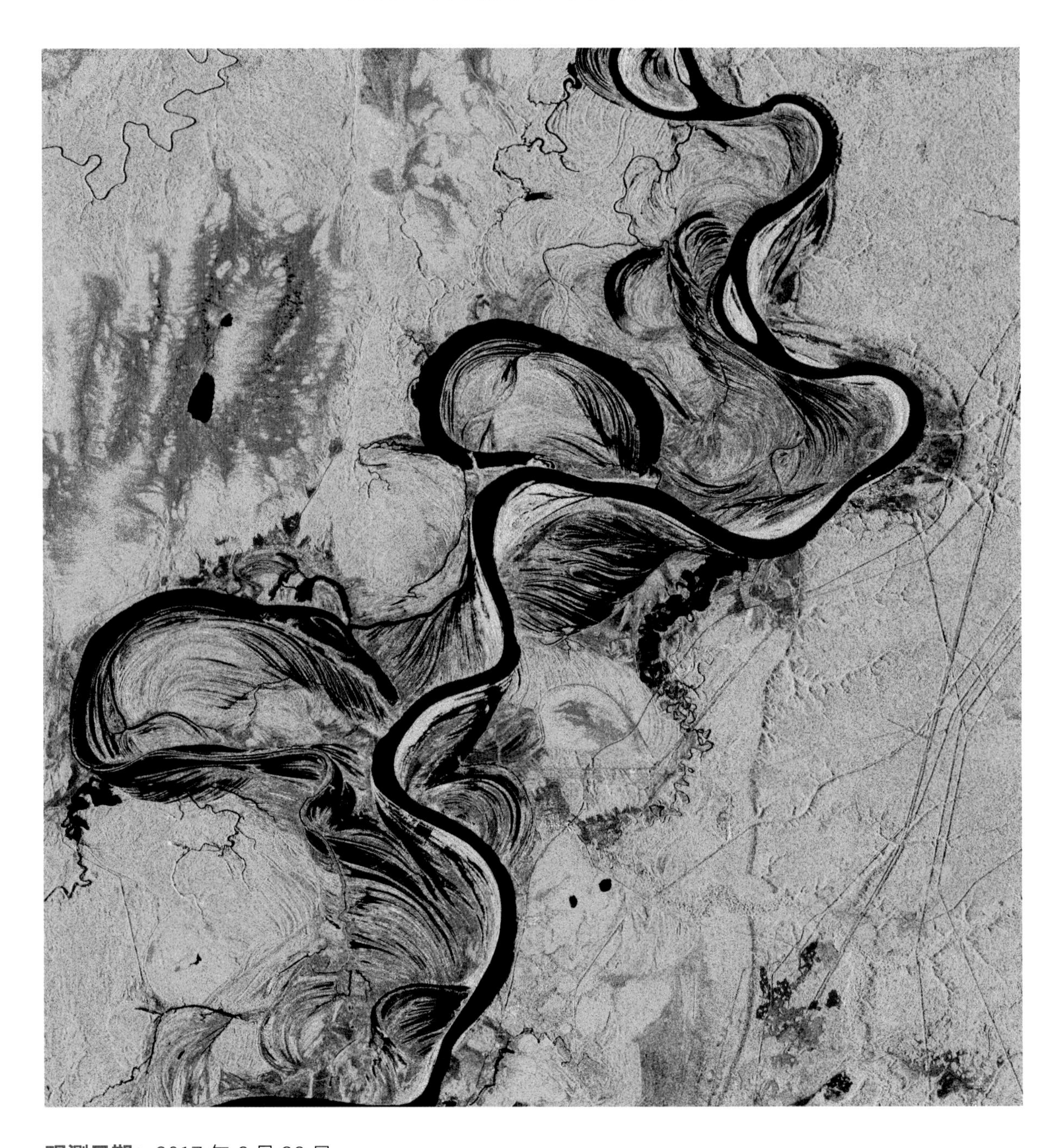

观测日期：2017 年 6 月 28 日。

中心点经纬度：68.4° E，58.5° N。

覆盖范围：宽（东西向）约 34.6 km，高（南北向）约 36.4 km。

数据源信息：高分三号卫星，全极化条带 1 成像模式数据，中心点下视角：31.7°。

图像处理过程：空间多视，极化分解（Helix），伪彩色合成。

图像说明：图中为俄罗斯额尔齐斯河，河流冲刷痕迹明显，且冲刷区域存在红色表示的二次散射。其他区域表现为绿色，表示有较多植被覆盖。右下角区域存在明显的线状特征，疑似为道路。

30. 江苏省盐城市海岸农田 0705

观测日期： 2017 年 7 月 5 日。

中心点经纬度： 120.7° E，33.2° N。

覆盖范围： 宽（东西向）约 32.0 km，高（南北向）约 33.6 km。

数据源信息： 高分三号卫星，全极化条带 1 成像模式数据，中心点下视角：28.32°。

图像处理过程： 空间多视，极化分解，伪彩色合成。

图像说明： 江苏省盐城市东南部沿海区域。高分三号卫星图像上清晰呈现了规划良好的农田区域。图中部偏右区域存在 4 座深入海中的码头。码头西侧为人类聚居区域，其在图像中的强度较高。

31. 克什米尔地区山区 0708

观测日期： 2017 年 7 月 8 日。

中心点经纬度： 77.0° E，35.4° N。

覆盖范围： 宽（东西向）约 25.3km，高（南北向）约 34.4km。

数据源信息： 高分三号卫星，全极化条带 1 成像模式数据，中心点下视角：31.7°。

图像处理过程： 空间多视，极化分解，伪彩色合成。

图像说明： 图中山区部分存在明显条纹特征，推测为冰川侵蚀留下的痕迹。

32. 黑龙江省佳木斯市 0711

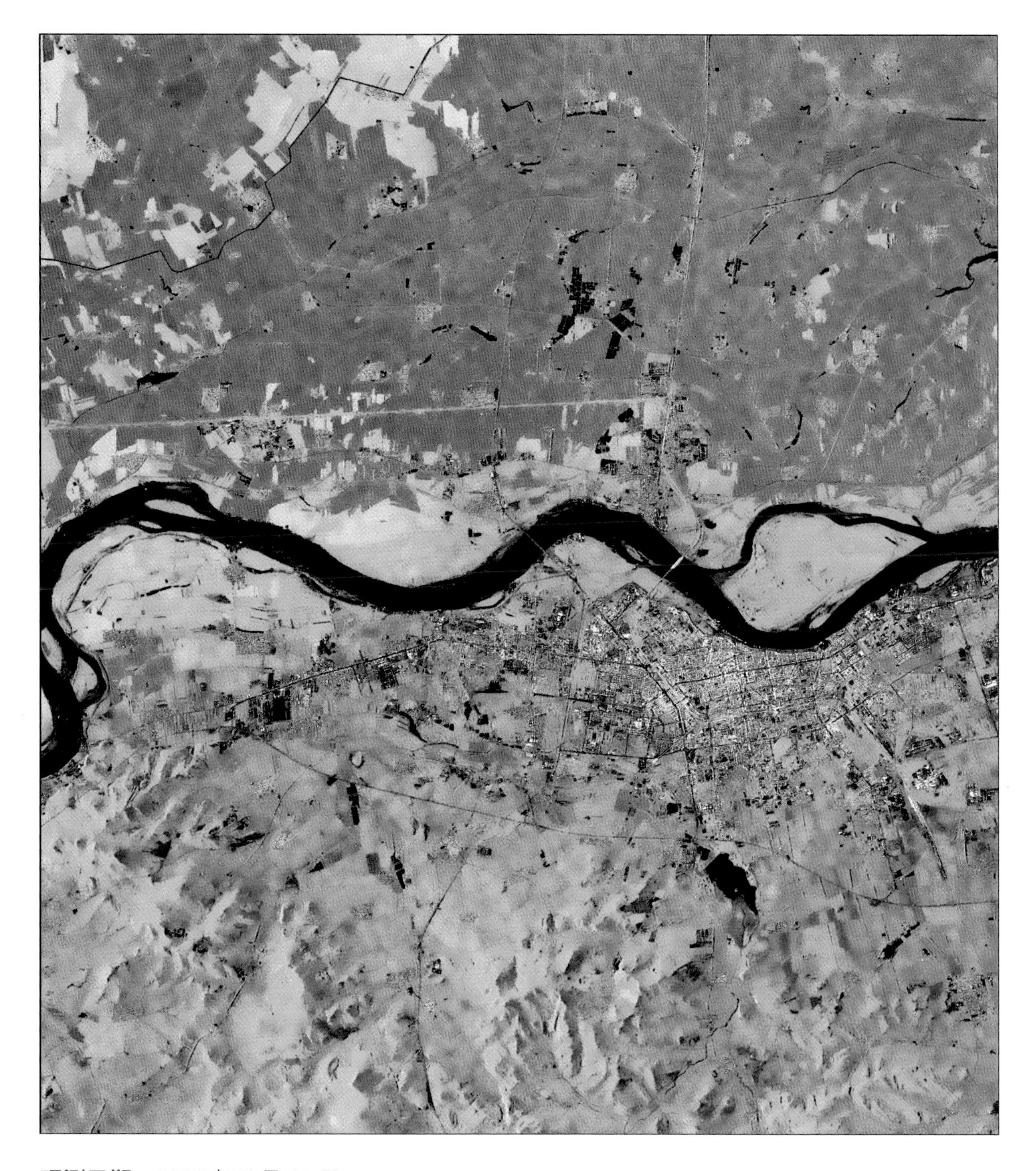

观测日期： 2017 年 7 月 11 日。

中心点经纬度： 130.2° E，46.8° N。

覆盖范围： 宽（东西向）约 30.9 km，高（南北向）约 34.3 km。

数据源信息： 高分三号卫星，全极化条带 1 成像模式数据，中心点下视角：31.7°。

图像处理过程： 空间多视，NonLocal 滤波，极化分解（Helix），伪彩色合成。

图像说明： 图中粉红色区域对应佳木斯市城区，上部暗红色区域推测为同一种农作物种植区域，以二次散射为主，且还有部分体散射和面散射。

33. 湖南省岳阳市 0719

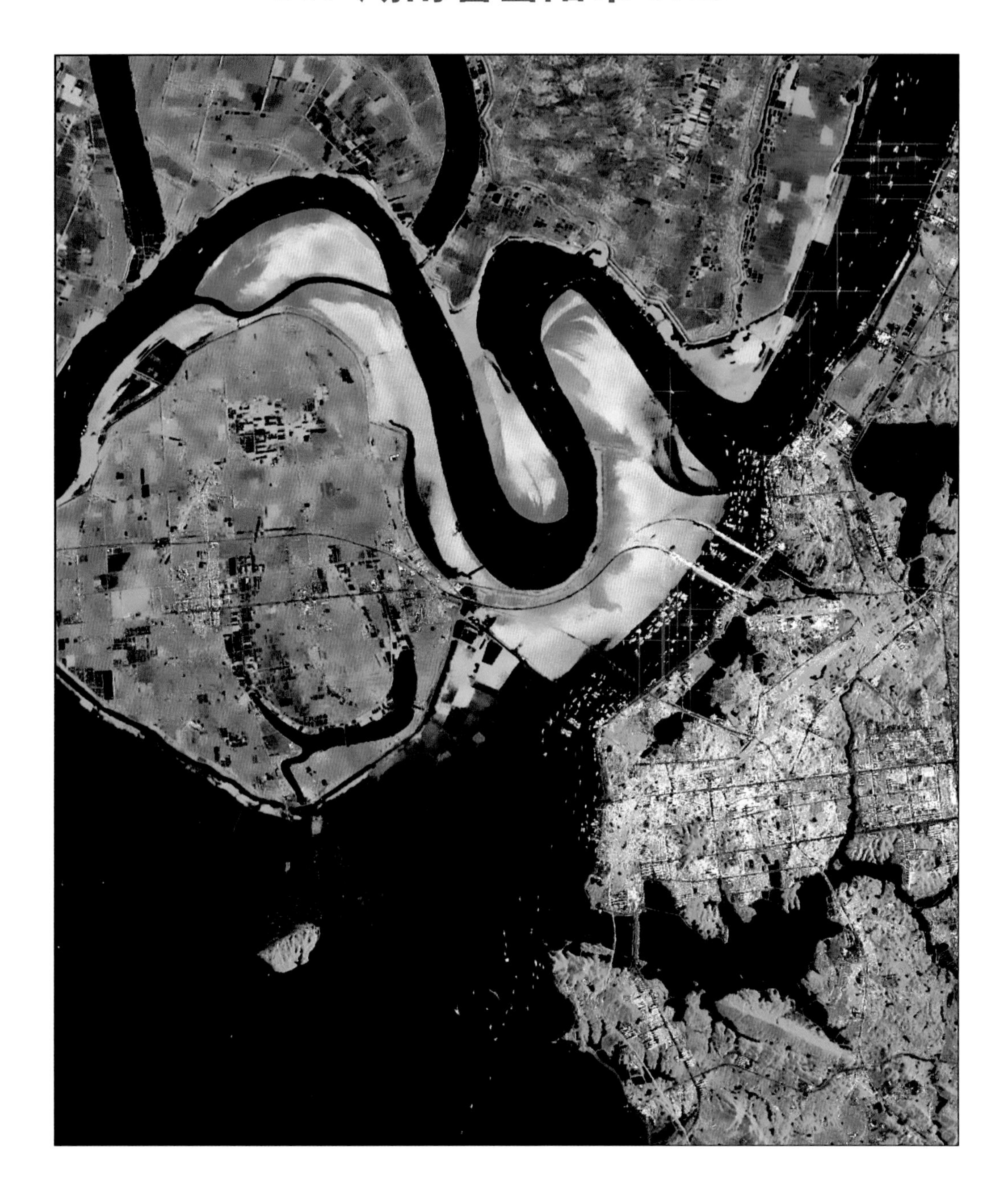

观测日期：2017 年 7 月 19 日。

中心点经纬度：113.1° E，29.4° N。

覆盖范围：宽（东西向）约 24.7 km，高（南北向）约 28.2 km。

数据源信息：高分三号卫星，全极化条带 1 成像模式数据，中心点下视角：33.4°。

图像处理过程：空间多视，NonLocal 滤波，极化分解（Helix），伪彩色合成。

图像说明：图中右下部粉红色区域对应湖南省岳阳市。黑色区域为水面。

34. 日本北海道火山和洞爷湖 0724

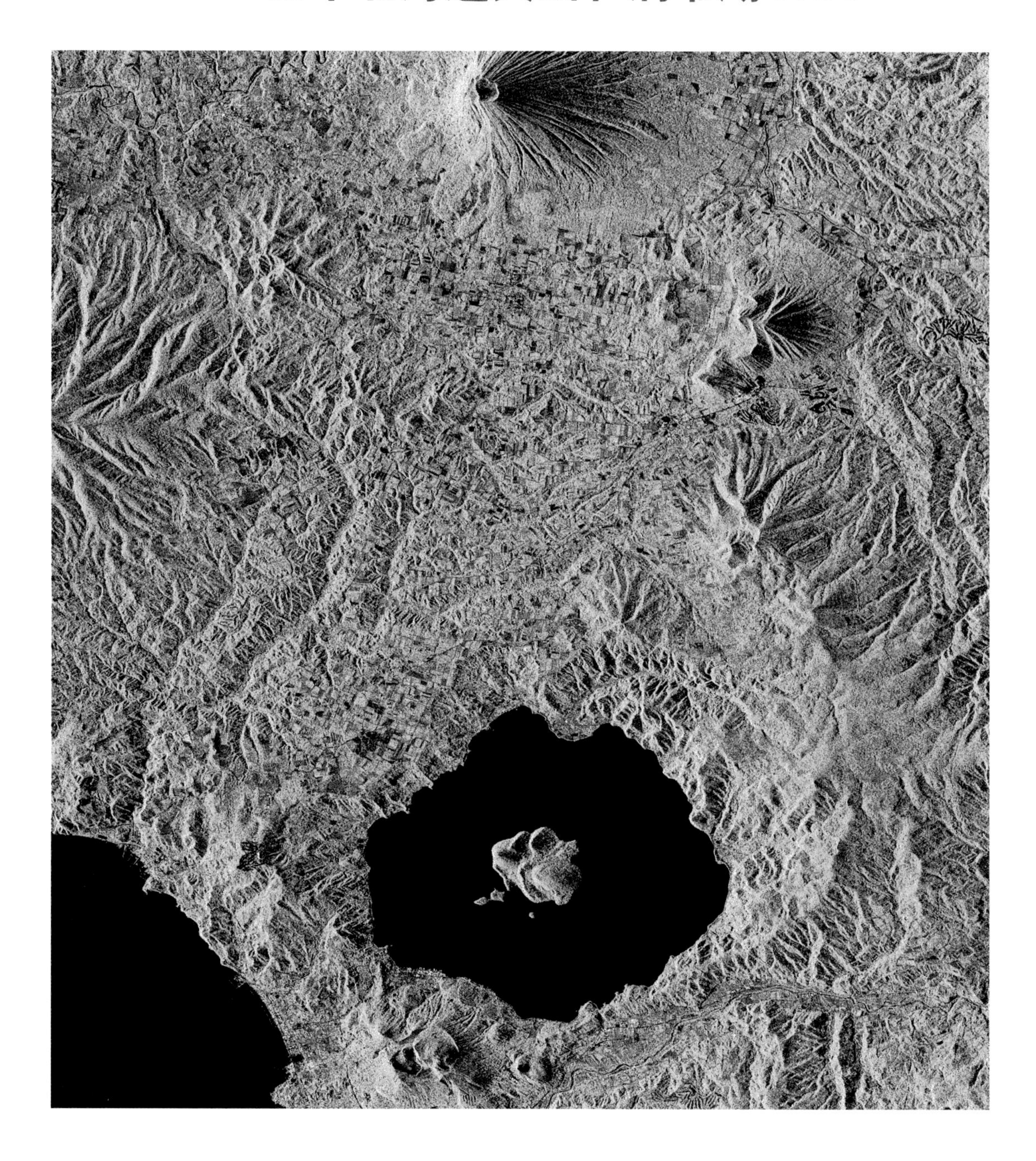

观测日期： 2017 年 7 月 24 日。
中心点经纬度： 140.8° E，42.7° N。
覆盖范围： 宽（东西向）约 31.8 km，高（南北向）约 34.8 km。
数据源信息： 高分三号卫星，全极化条带 1 成像模式数据，中心点下视角：31.7°。
图像处理过程： 空间多视，极化分解，伪彩色合成。
图像说明： 图像下部为日本北海道洞爷湖，图像上部为俱知安附近火山。火山明显不对称，这是由于 SAR 遥感影像受高程影响，存在迎坡缩短、背坡拉长的特点造成的。图中蓝色区域为农田，红色区域对应人类聚居的城镇区域。

35. 湖南省琴棋乡 0819

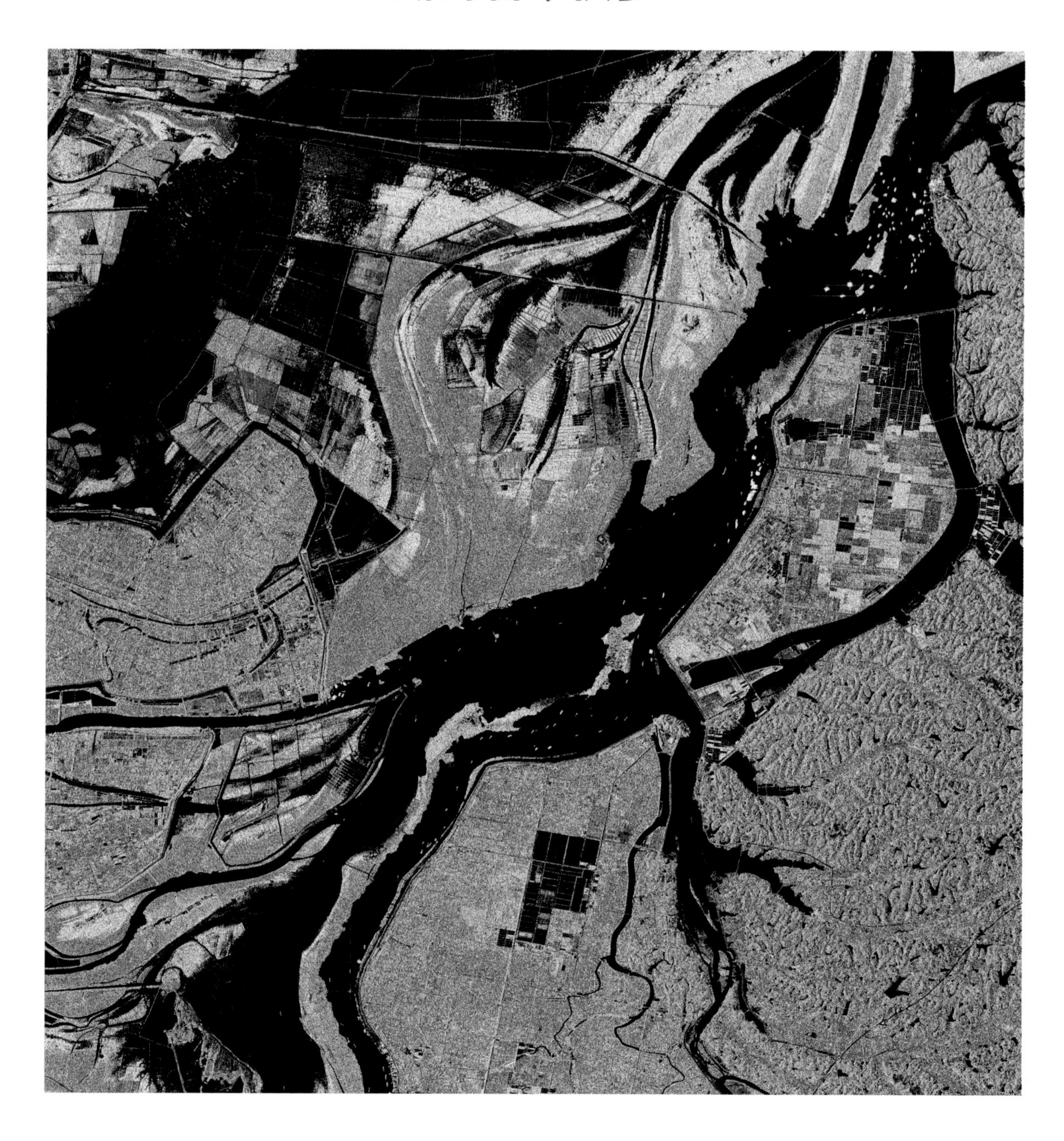

观测日期： 2017 年 8 月 19 日。
中心点经纬度： 112.9° E，29.0° N。
覆盖范围： 宽（东西向）约 33.8 km，高（南北向）约 34.4 km。
数据源信息： 高分三号卫星，全极化条带 1 成像模式数据，中心点下视角：31.7°。
图像处理过程： 空间多视，极化分解，伪彩色合成。
图像说明： 湖南省岳阳市琴棋乡独特地貌。图中河流纵横。农田区域存在明显的红色，即存在二次散射成分，推测为水稻种植区，水稻和水面形成二次散射。

36. 吉林省镇赉县北部 0820

观测日期： 2017 年 8 月 20 日。

中心点经纬度： 123.2° E，46.1° N。

覆盖范围： 宽（东西向）约 32.2 km，高（南北向）约 36.4 km。

数据源信息： 高分三号卫星，全极化条带 1 成像模式数据，中心点下视角：31.7°。

图像处理过程： 空间多视，极化分解，伪彩色合成。

图像说明： 图中绿色区域为农田区，色彩鲜艳区域为河流冲刷区域。

37. 重庆市 0826

观测日期：2017 年 8 月 26 日。

中心点经纬度：106.5° E，29.6° N。

覆盖范围：宽（东西向）约 31.6 km，高（南北向）约 32.9 km。

数据源信息：高分三号卫星，全极化条带 1 成像模式数据，中心点下视角：31.7°。

图像处理过程：空间多视，极化分解，伪彩色合成（幅度）。

图像说明：重庆市高分三号卫星影像，图中显示最多的是红色和黄绿色的人工建筑区域，其他比较明显的特征还包括图左侧显示的横贯南北的山脉，以及重庆市内的长江，江内船舶清晰可见。

38. 厦门市 0826

观测日期：2017 年 8 月 26 日。
中心点经纬度：118.1° E，24.6° N。
覆盖范围：宽（东西向）约 34.1 km，高（南北向）约 34.4 km。
数据源信息：高分三号卫星，全极化条带 1 成像模式数据，中心点下视角：31.7°。
图像处理过程：空间多视，NonLocal 滤波，极化分解，伪彩色合成。
图像说明：金砖国家领导人第九次会晤于 2017 年 9 月 3 日至 5 日在厦门举行，上图左下角海岛即为厦门岛，岛北部存在一机场跑道。图中多个跨海大桥清晰可见。厦门岛右侧（经图像增强后）可见浮筏养殖区域，海上存在大量船舶。

39. 哈尔滨市 0830

观测日期： 2017 年 8 月 30 日。

中心点经纬度： 126.5° E，45.7° N。

覆盖范围： 宽（东西向）约 31.7 km，高（南北向）约 36.4 km。

数据源信息： 高分三号卫星，全极化条带 1 成像模式数据，中心点下视角：31.7°。

图像处理过程： 空间多视，NonLocal 滤波，极化分解，伪彩色合成。

图像说明： 图中右上部区域的哈尔滨市城区清晰可见，贯穿城市的河流为松花江，江上架设有多座桥梁，与卫星飞行方向平行的桥梁与水面形成明显的二面角散射。

40. 俄罗斯新卡拉苏克 0917

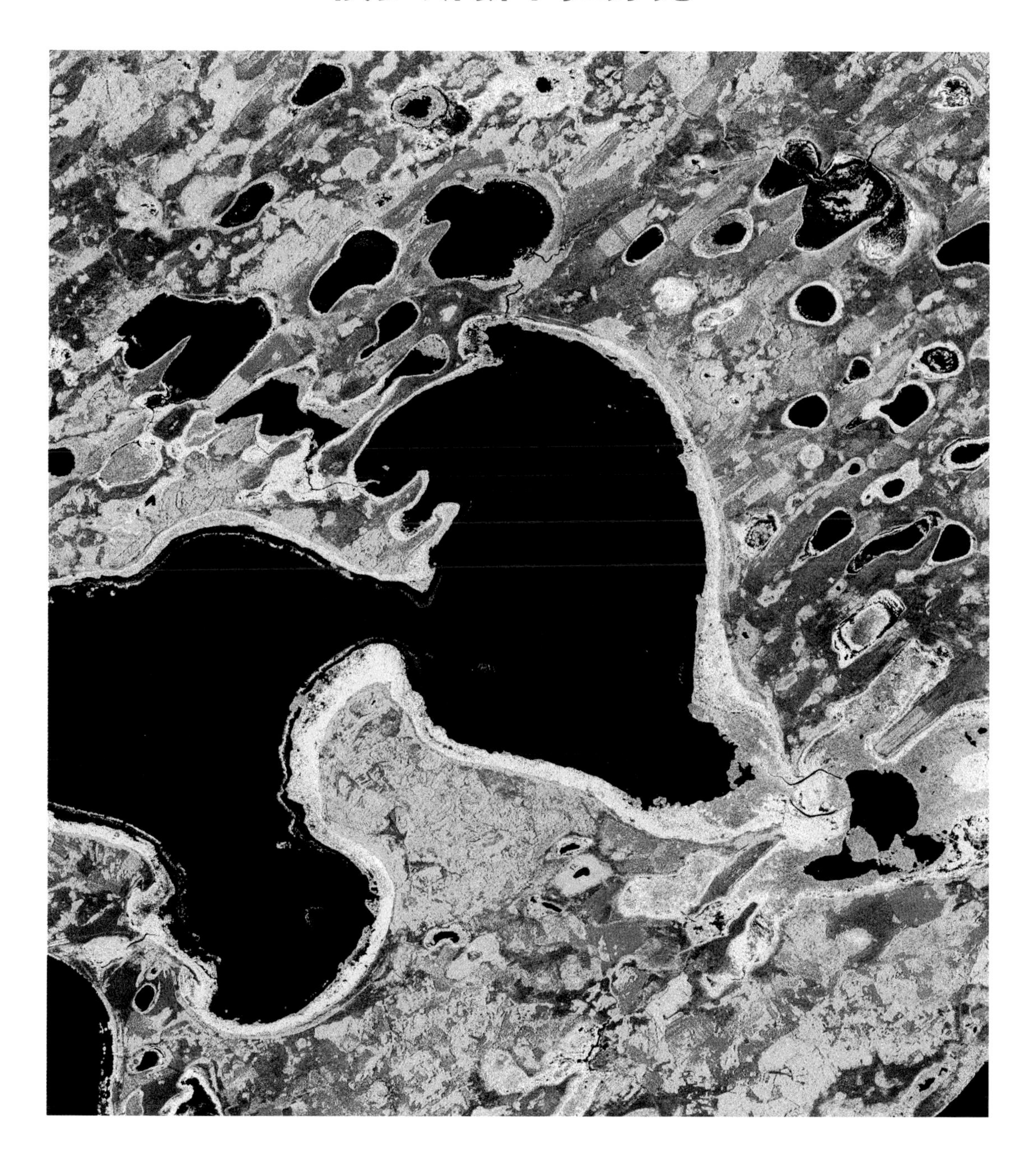

观测日期： 2017 年 9 月 17 日。

中心点经纬度： 71.9° E，56.1° N。

覆盖范围： 宽（东西向）约 33.1 km，高（南北向）约 36.7 km。

数据源信息： 高分三号卫星，全极化条带 1 成像模式数据，中心点下视角：–31.7°。

图像处理过程： 空间多视，极化分解，伪彩色合成。

图像说明： 本图覆盖区域为俄罗斯鄂木斯克州的新卡拉苏克东南区域，图中最明显的地物是大小、形状各异的多个湖泊。

41. 韩国西海岸海水养殖 0921

观测日期： 2017 年 9 月 21 日。

中心点经纬度： 126.3° E，35.0° N。

覆盖范围： 宽（东西向）约 23.0 km，高（南北向）约 28.2 km。

数据源信息： 高分三号卫星，全极化条带 1 成像模式数据，中心点下视角：33.44°。

图像处理过程： 空间多视，极化分解，伪彩色合成。

图像说明： 围绕着海岛的偏红色、条带状的海水养殖区域是本图最明显的特征。

42. 巴基斯坦山地区域0924

观测日期：2017 年 9 月 14 日。

中心点经纬度：67.2° E，28.2° N。

覆盖范围：宽（东西向）约 26.8 km，高（南北向）约 28.2 km。

数据源信息：高分三号卫星，全极化条带 1 成像模式数据，中心点下视角：33.44°。

图像处理过程：空间多视，极化分解，伪彩色合成。

图像说明：图中为巴基斯坦的俾路支省山地区域全极化 SAR 图像，山地景象十分壮观。图的中部由上至下存在人工道路，沿路存在着多个偏红色的人类聚居区域，黑色区域可能为河流。

43. 新疆维吾尔自治区木吉乡 0927

观测日期： 2017 年 9 月 27 日。

中心点经纬度： 78.6° E，37.2° N。

覆盖范围： 宽（东西向）约 24.9 km，高（南北向）约 28.2 km。

数据源信息： 高分三号卫星，全极化条带 1 成像模式数据，中心点下视角：33.44°。

图像处理过程： 空间多视，极化分解，伪彩色合成。

图像说明： 青藏高原雪山融水冲刷形成的两个扫帚形状区域，在这些区域中由于水量相对充沛、土地也较肥沃，因此形成了大量的农田和人类聚居区域。

44. 新疆维吾尔自治区柴窝堡乡 1005

观测日期：2017 年 10 月 5 日。
中心点经纬度：87.8° E，43.5° N。
覆盖范围：宽（东西向）约 24.6 km，高（南北向）约 28.2 km。
数据源信息：高分三号卫星，全极化条带 1 成像模式数据，中心点下视角：33.44°。
图像处理过程：空间多视，NonLocal 滤波，极化分解（Helix），伪彩色合成。
图像说明：图中部右侧为新疆维吾尔自治区的柴窝堡乡。南北两侧高山雪水融合冲刷汇合后形成类似河流区域，其沿岸为人类聚居区和农田。图中存在大量待验证的红色点状目标。

45. 巴基斯坦山地平原1010

观测日期： 2017 年 10 月 10 日。

中心点经纬度： 61.5° E，29.5° N。

覆盖范围： 宽（东西向）约 26.4 km，高（南北向）约 28.2 km。

数据源信息： 高分三号卫星，全极化条带 1 成像模式数据，中心点下视角：33.44°。

图像处理过程： 空间多视，极化分解，伪彩色合成。

图像说明： 图左下部山地水流冲刷形成峡谷，进入平原区域后水流扩散范围迅速增大，形成类似冲击平原类的地貌。

46. 俄罗斯新西伯利亚州1011

观测日期： 2017 年 10 月 11 日。

中心点经纬度： 78.0° E，54.7° N。

覆盖范围： 宽（东西向）约 26.6 km，高（南北向）约 28.1 km。

数据源信息： 高分三号卫星，全极化条带 1 成像模式数据，中心点下视角：33.44°。

图像处理过程： 空间多视，NonLocal 滤波，极化分解，伪彩色合成。

图像说明： 俄罗斯新西伯利亚州新亚布洛诺夫卡附近独特的地貌，该图所示区域位于一座大型湖泊的东侧。图中右下角深蓝色区域对应水面。

47. 巴基斯坦河口海岸1018

观测日期： 2017 年 10 月 18 日。

中心点经纬度： 68.0° E，24.0° N。

覆盖范围： 宽（东西向）约 26.8 km，高（南北向）约 28.3 km。

数据源信息： 高分三号卫星，全极化条带 1 成像模式数据，中心点下视角：33.44°。

图像处理过程： 空间多视，极化分解，伪彩色合成。

图像说明： 巴基斯坦印度河入海口附近海域图像。图中最明显的地物特征是由河流形成的大小不一的树枝状结构。大河流两岸散射强中间黑，小河流中间较黑的河面由于分辨率限制不可见。

48. 俄罗斯阿斯别斯特 1019

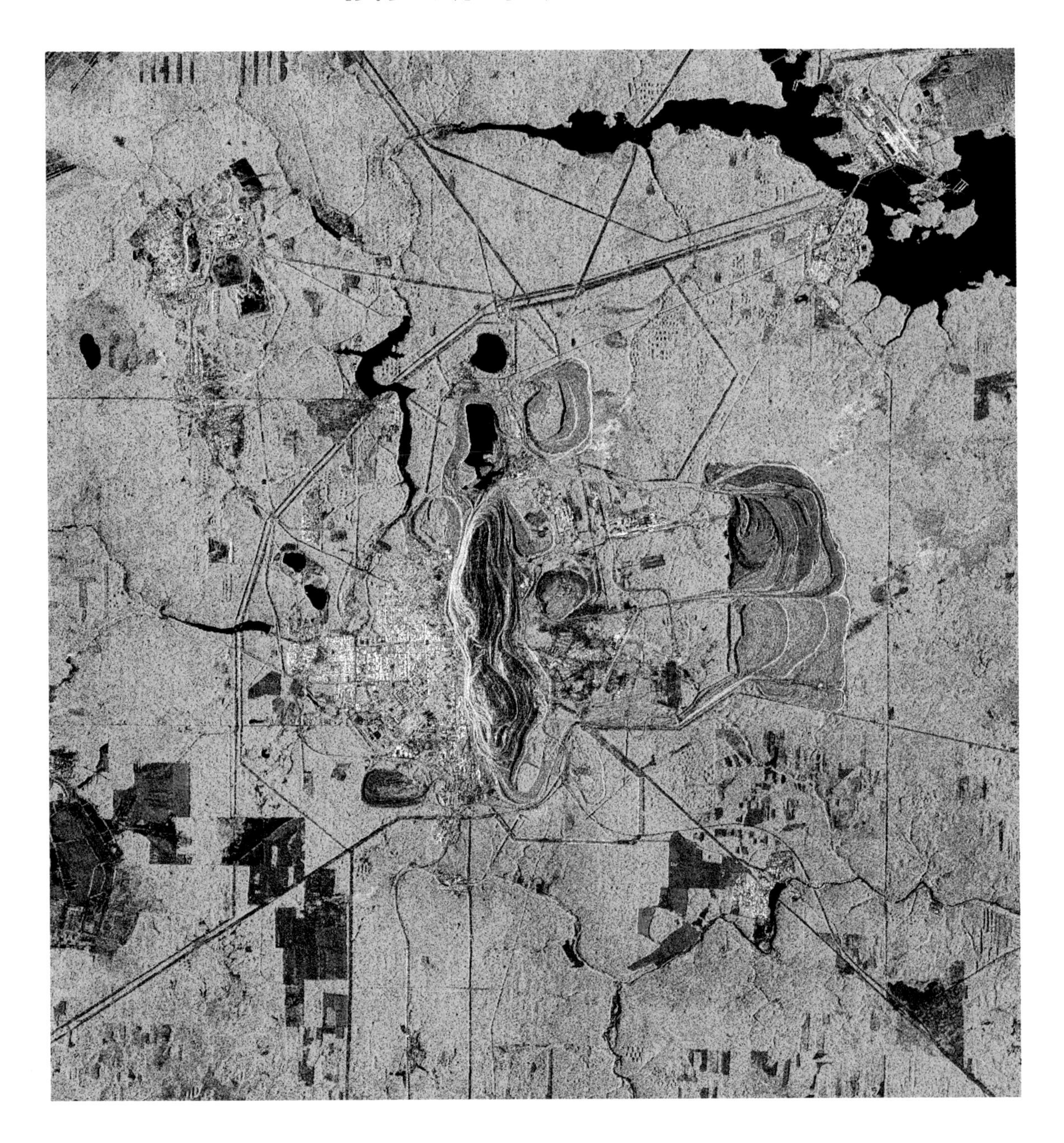

观测日期： 2017 年 10 月 19 日。

中心点经纬度： 61.5° E，57.0° N。

覆盖范围： 宽（东西向）约 27.4 km，高（南北向）约 28.1 km。

数据源信息： 高分三号卫星，全极化条带 1 成像模式数据，中心点下视角：33.44°。

图像处理过程： 空间多视，极化分解，伪彩色合成。

图像说明： 中间红色人工建筑区域即为俄罗斯阿斯别斯特。图中线状道路特征明显。大部分绿色区域推测为林地区域。图中间的蓝色地物特征初步推断对应矿产挖掘区域。

49. 甘肃省金昌市 1020

观测日期： 2017 年 10 月 20 日。

中心点经纬度： 102.3° E，38.5° N。

覆盖范围： 宽（东西向）约 23.3 km，高（南北向）约 28.2 km。

数据源信息： 高分三号卫星，全极化条带 1 成像模式数据，中心点下视角：33.44°。

图像处理过程： 空间多视，极化分解，伪彩色合成。

图像说明： 甘肃省金昌市。图中具有丰富多样的地物特征。

50. 俄罗斯新西伯利亚州北部 1023

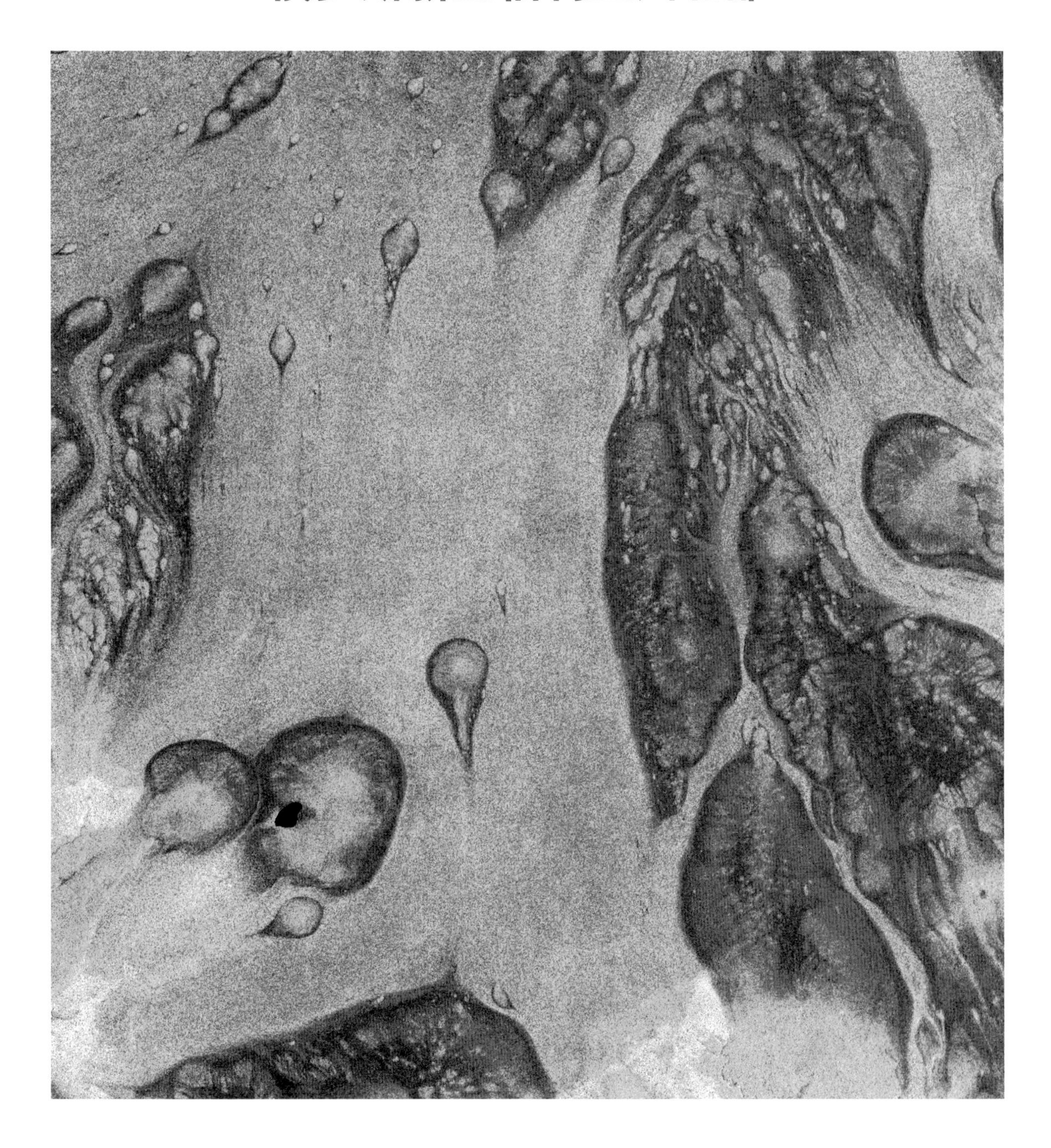

观测日期： 2017 年 10 月 23 日。
中心点经纬度： 77.9° E，56.9° N。
覆盖范围： 宽（东西向）约 26.9 km，高（南北向）约 28.1 km。
数据源信息： 高分三号卫星，全极化条带 1 成像模式数据，中心点下视角：33.44°。
图像处理过程： 空间多视，极化分解，伪彩色合成。
图像说明： 俄罗斯新西伯利亚州北部普拉沃卡耶夫卡地区。图中呈现的独特地貌推测为大量流水冲刷后形成的痕迹。

51. 吉尔吉斯斯坦阿尔帕东部区域 1028

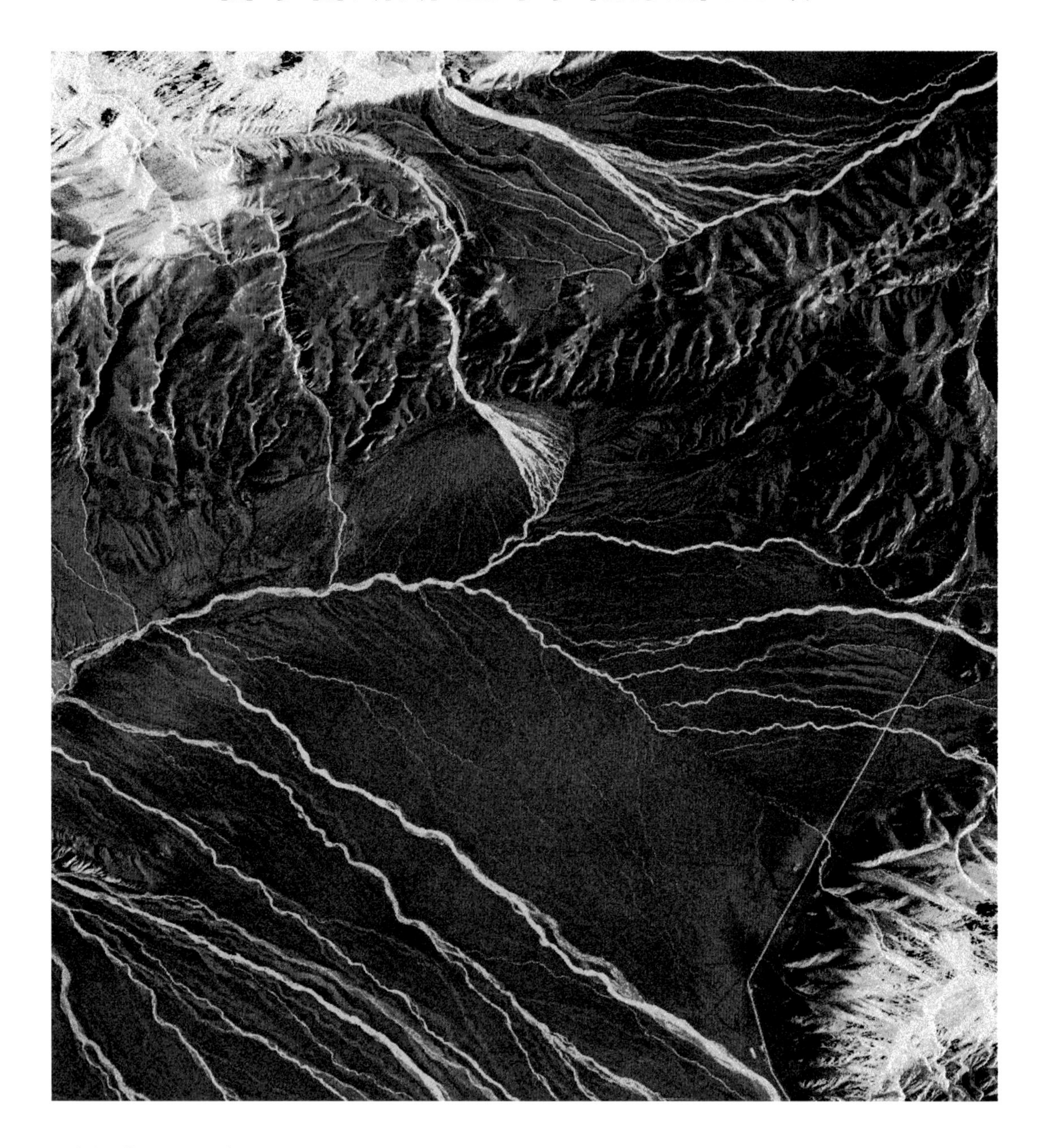

观测日期：2017 年 10 月 28 日。

中心点经纬度：75.0° E，40.8° N。

覆盖范围：宽（东西向）约 24.2 km，高（南北向）约 26.5 km。

数据源信息：高分三号卫星，全极化条带 1 成像模式数据，中心点下视角：34.1°。

图像处理过程：空间多视，极化分解，伪彩色合成。

图像说明：吉尔吉斯斯坦阿尔帕东部区域。图中最明显的特征是纵横交错的河流状地物。在平地区域仔细观察可以发现更小的流水类痕迹。图右上角显示了雪山融化后流出的水流在碰到山体后改向并汇总形成河流的地貌特征。

52. 伊拉克安巴尔省1101

观测日期： 2017 年 11 月 1 日。

中心点经纬度： 39.8° E，33.7° N。

覆盖范围： 宽（东西向）约 24.4 km，高（南北向）约 26.5 km。

数据源信息： 高分三号卫星，全极化条带 1 成像模式数据，中心点下视角：34.1°。

图像处理过程： 空间多视，极化分解，伪彩色合成。

图像说明： 伊拉克安巴尔省邻近叙利亚的边界区域。图中特征应为大量水流在土地或沙漠中冲刷后形成的地物特征。偏绿色表明存在一定的体散射成分，其散射机理还有待研究。

53. 哈萨克斯坦巴尔喀什湖1109

观测日期：2017 年 11 月 9 日。

中心点经纬度：75.5° E，46.7° N。

覆盖范围：宽（东西向）约 25.2 km，高（南北向）约 26.4 km。

数据源信息：高分三号卫星，全极化条带 1 成像模式数据，中心点下视角：34.1°。

图像处理过程：空间多视，NonLocal 滤波，极化分解，伪彩色合成。

图像说明：哈萨克斯坦巴尔喀什湖中部区域。极化 SAR 图像中除人工建筑区域外很少出现以红色调占主导地位（即二次散射占主导地位）的区域。本图以红色表示的二次散射为主比较罕见。初步推断是平整的地表或水面与其上独特的植被相互作用形成的二面角散射，具体实际情况还有待研究。

54. 阿联酋迪拜 1112

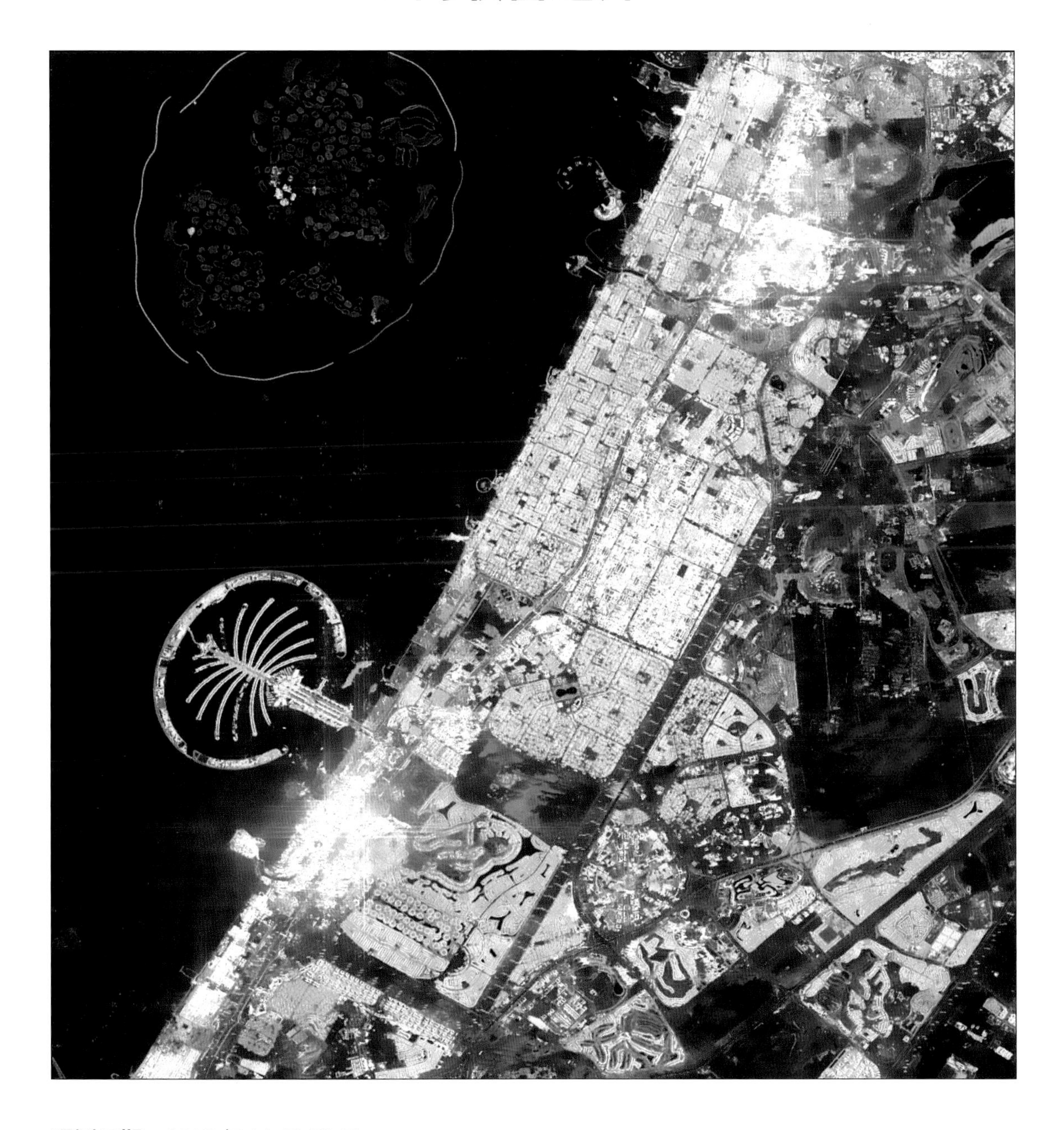

观测日期： 2017 年 11 月 12 日。
中心点经纬度： 55.2° E，25.1° N。
覆盖范围： 宽（东西向）约 25.3km，高（南北向）约 26.5km。
数据源信息： 高分三号卫星，全极化条带 1 成像模式数据，中心点下视角：34.1°。
图像处理过程： 空间多视，NonLocal 滤波，极化分解（Helix），伪彩色合成（幅度）。
图像说明： 阿联酋迪拜。朱美拉棕榈岛和世界群岛等地标在图中清晰可见。由图中颜色信息表现的极化特征可以发现，世界群岛中仅有几个岛屿存在人工建筑。图中亮度较高的亮白色区域推测为摩天大楼密集区域。海域中暗红色特征体现了沿岸人工建筑的高散射强度区域经过 SAR 成像后对海面等低散射强度区域存在一定的鬼影和旁瓣污染。

55. 广东省海水养殖 1117

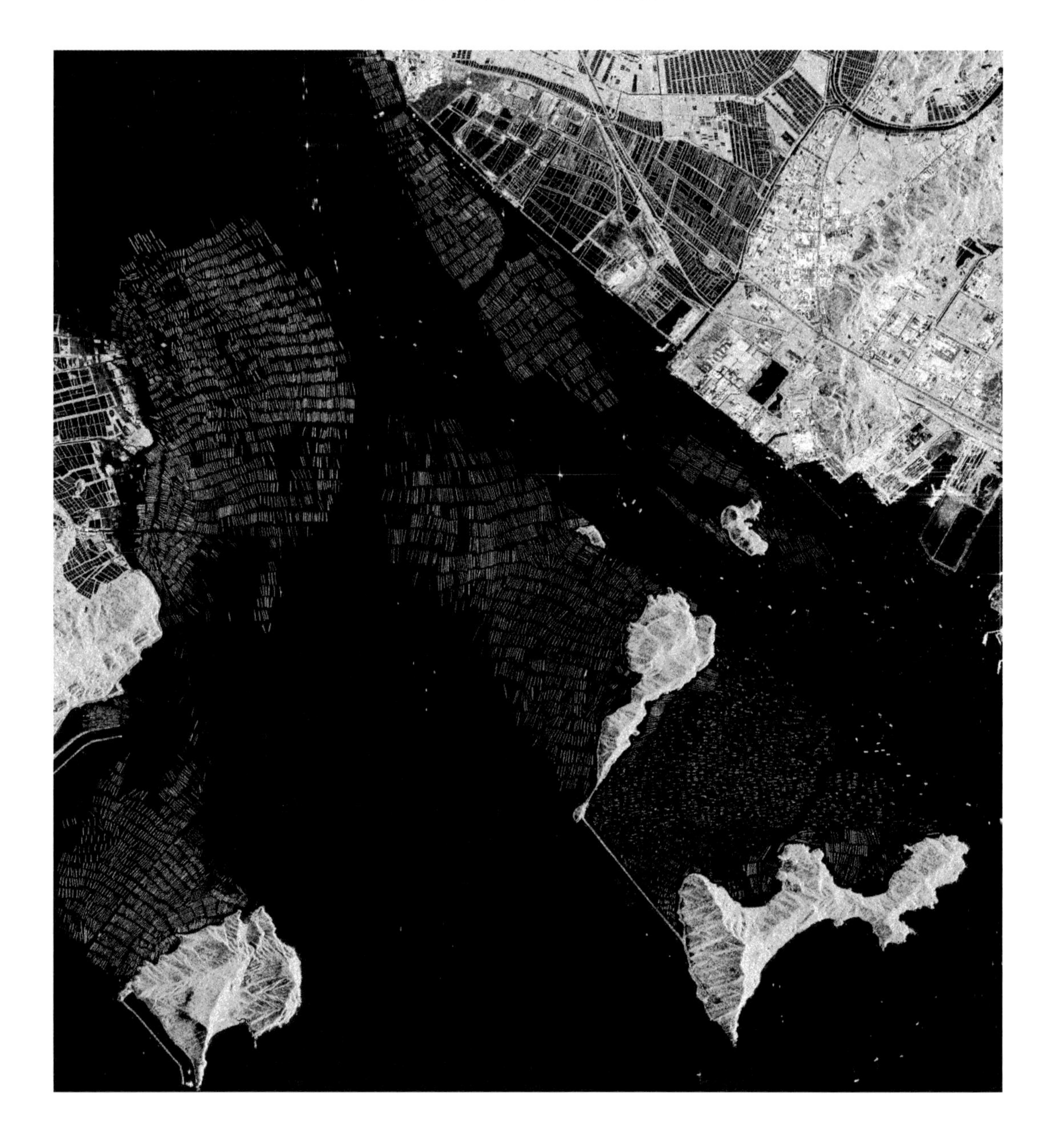

观测日期： 2017 年 11 月 17 日。

中心点经纬度： 113.1° E，22.0° N。

覆盖范围： 宽（东西向）约 24.6 km，高（南北向）约 26.6 km。

数据源信息： 高分三号卫星，全极化条带 1 成像模式数据，中心点下视角：34.1°。

图像处理过程： 空间多视，极化分解，伪彩色合成。

图像说明： 广东省南部沿海，高栏港以西水域。图中几乎一半以上的水域被海上养殖区所覆盖。

56. 日本寺泊和与板 1124

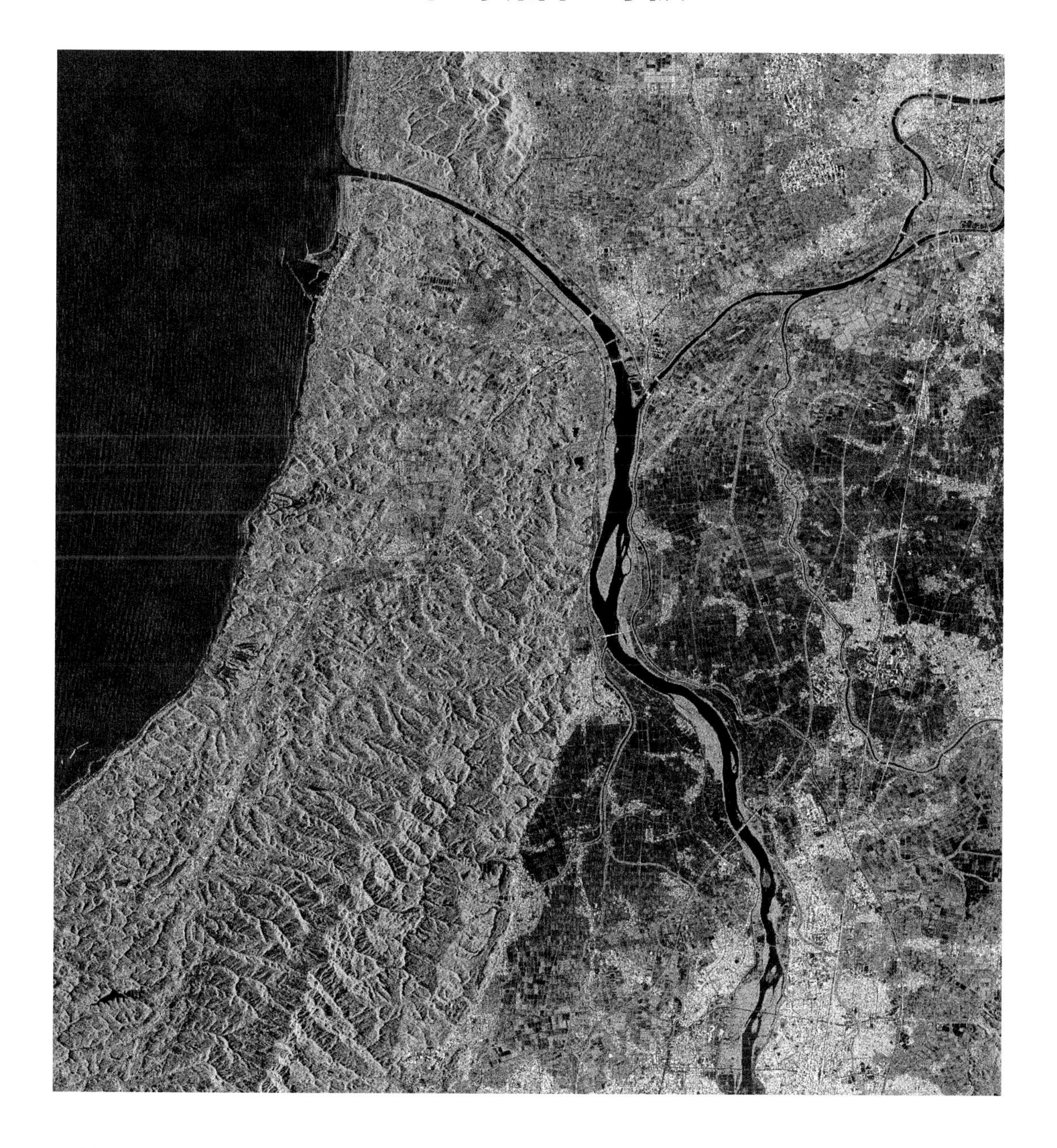

观测日期： 2017 年 11 月 24 日。

中心点经纬度： 138.8° E，37.6° N。

覆盖范围： 宽（东西向）约 24.4 km，高（南北向）约 26.5 km。

数据源信息： 高分三号卫星，全极化条带 1 成像模式数据，中心点下视角：34.1°。

图像处理过程： 空间多视，极化分解，伪彩色合成（幅度）。

图像说明： 日本西海岸寺泊和与板周边区域。图左侧海域为日本海，其中海浪造成的条纹特征清晰可见。靠近海洋的海岸部分主要为山区，以绿色体散射为主。山区东侧为平原区域，其上存在大量城镇。

57. 印度尼西亚巴厘省火山 1207

观测日期： 2017 年 12 月 7 日。
中心点经纬度： 115.5° E，8.3° N。
覆盖范围： 宽（东西向）约 39.5 km，高（南北向）约 42.1 km。
数据源信息： 高分三号卫星，全极化条带 1 成像模式数据，中心点下视角：22.17°。
图像处理过程： 空间多视，极化分解，伪彩色合成。
图像说明： 印度尼西亚巴厘省的两座火山图像。图中迎坡缩短、背坡拉长的 SAR 特征非常明显。图像偏绿色的地表说明该区域大部分被植被所覆盖。较大火山的南坡靠近海洋的区域呈现蓝色应该对应裸地区域。

58. 哈萨克斯坦鲁德内 1209

观测日期： 2017 年 12 月 9 日。

中心点经纬度： 63.1° E，53.0° N。

覆盖范围： 宽（东西向）约 34.6 km，高（南北向）约 36.4 km。

数据源信息： 高分三号卫星，全极化条带 1 成像模式数据，中心点下视角：31.7°。

图像处理过程： 空间多视，极化分解，伪彩色合成。

图像说明： 哈萨克斯坦鲁德内。图中大部分区域为蓝色，对应以面散射占主导地位的裸地区域。图像中间区域的独特地物特征推测为开采矿区，中下部为城镇区域。

59. 伊朗塞姆南省南部1129

观测日期： 2017 年 11 月 29 日。

中心点经纬度： 54.6° E，34.6° N。

覆盖范围： 宽（东西向）约 25.3 km，高（南北向）约 26.5 km。

数据源信息： 高分三号卫星，全极化条带 1 成像模式数据，中心点下视角：34.1°。

图像处理过程： 空间多视，极化分解，伪彩色合成。

图像说明： 伊朗塞姆南省南部区域。本图以蓝色调为主，即主要对应来自地面的面散射。图中存在圆环状地物特征，其成因还有待确认。图左侧由上至下存在一条线状特征，推测为公路。

60. 日本福井和鲭江 1230

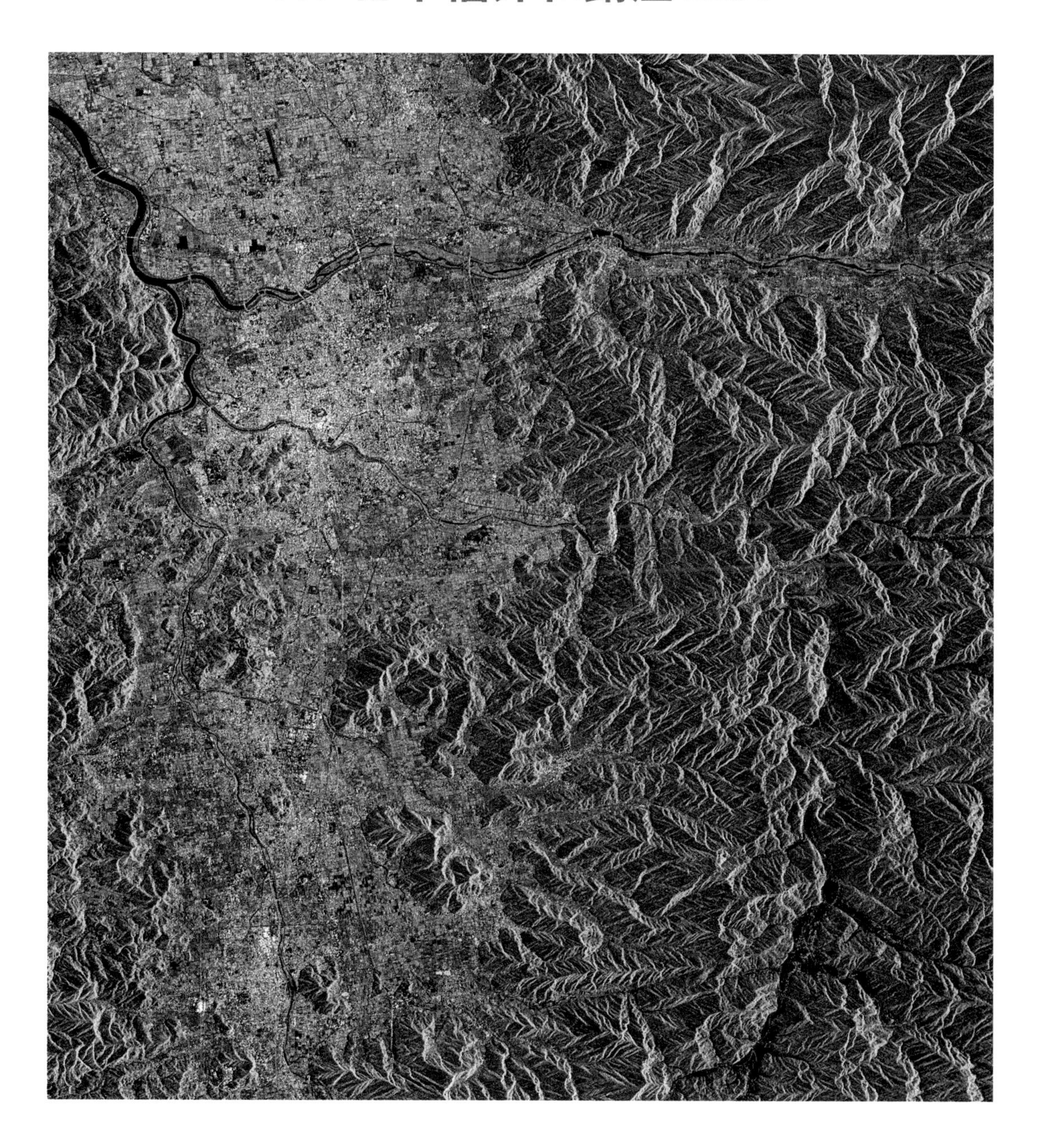

观测日期： 2017 年 12 月 30 日。
中心点经纬度： 136.3° E，36.0° N。
覆盖范围： 宽（东西向）约 31.9 km，高（南北向）约 34.3 km。
数据源信息： 高分三号卫星，全极化条带 1 成像模式数据，中心点下视角：31.7°。
图像处理过程： 空间多视，极化分解，伪彩色合成。
图像说明： 日本中部地方的福井和鲭江。图中左上红色城镇区域对应福井，左下红色区域对应鲭江。城镇周边是以蓝色为主的农田区域，农田东西两侧为山地，东侧山地中河流周边有人类居住的特征存在。

高分三号卫星极化数据处理技术

上面介绍的高分三号卫星极化产品基于高分三号卫星 L1A 级标准产品制作，主要经过了空间多视、极化滤波、极化分解和伪彩色合成等技术处理，下面就分别简要介绍一下这些处理技术。各技术的软件模块可通过 anwentao@mail.nsoas.org.cn 邮箱联系本书作者获取。

1. 空间多视

产品制作时输入的高分三号卫星 L1A 级标准产品为单视复图像，其存在斑点噪声强、像素长宽对应的实际地面距离不等这两个不适于人眼观察的缺陷。因此对于 L1A 级产品的第一项操作就是空间多视。

所谓空间多视，就是将原 L1A 产品中的 $M \times N$ 个像素点数据非相干叠加为 1 个像素点。

其中，M 和 N 的选取不能太小也不能太大，太小不能有效地消除斑点噪声，太大会使叠加后的图像像素点对应的实际地物尺寸过大，即图像分辨率降低严重。

同时，M 和 N 的选取要保证叠加后图像中像素点长、宽对应的实际地面距离尽可能的接近，以尽量消除图像显示地物的畸变。

根据上述两条原则，选定 M 和 N 值后，需要先将高分三号卫星 L1A 产品中每个像素点对应的 HH、HV、VH 和 VV 四个极化通道数据转换为 Pauli 矢量，然后再将 $M \times N$ 个像素点所对应的所有 Pauli 矢量进行非相干叠加生成极化相干矩阵 T。即叠加后图像的每个像素点都对应一个极化相干矩阵 T。

2. 极化滤波

为了提高极化产品的显示效果，在本书展示的极化产品制作过程中有时会使用极化滤波操作。所谓极化滤波即在进一步降低斑点噪声的同时还要保持地物的极化特征。

极化滤波方法有很多种，本书实际使用的是 NonLocal 滤波中的一种，对具体方法感兴趣的读者可以阅读如下参考文献：

J. Chen, Y. Chen, W. An, Y. Cui, J. Yang. "Nonlocal Filtering for Polarimetric SAR Data: A Pre-test Approach ", IEEE Transactions on Geoscience & Remote Sensing, 2011, 49(5):1744-1754.

3. 极化分解

极化分解是一种基于极化数据的地物散射特征分析技术，包括相干分解和非相干分解两类。本书产品制作主要涉及非相干极化分解中的两种方法：修正 Freeman 分解和 Helix 分解。上一章图像处理过程中的极化分解标有“Helix”字样的均指 Helix 分解，没特别标注的均指修正 Freeman 分解。

修正 Freeman 分解的优点是计算简便，对极化相干矩阵的等效视数基本没有要求，缺点是其分解结果不能完全保存原极化相干矩阵的全部信息。Helix 分解计算稍复杂，且要求极化相干矩阵图像具有较高的等效视数，不过其优点是分解结果能完整保存原极化相干矩阵的所有信息。

根据上述特性，并结合具体产品制作经验，可以发现：修正 Freeman 分解比较适用于未经极化滤波的极化相干矩阵图像处理，而 Helix 分解比较适用于经过极化滤波后的极化相干矩阵图像处理。也就是说 Helix 分解要想获得较好的分解结果，一般要求极化相干矩阵图像具有较高的等效视数。

有关修正 Freeman 分解和 Helix 分解的具体方法简要介绍如下。

（1）修正 Freeman 分解

该分解方法先对极化相干矩阵进行去定向操作，再进行 Freeman 三成分分解，且为了消除分解结果中负功率散射成分，使用了与“去定向三成分分解”中相同的“非负功率限制”处理。即本分解方法可理解为将“去定向三成分分解”中体散射模型由单位矩阵更改为 Freeman 分解中使用的经典体散射模型后获得的新分解方法。

修正 Freeman 分解使用的 3 种成分的散射模型与 Freeman 分解完全一致，仅增加了去定向操作和非负功率限制，因此称为修正 Freeman 分解。各散射成分的模型这里不再详述，分解过程就是确定模型中 P_s、P_d、P_v、α、β 这 5 个参数的过程。修正 Freeman 分解方法的具体流程如图 1 所示，其中上标 (′) 表示去定向操作后相干矩阵 $\boldsymbol{T}'$ 中的元素。

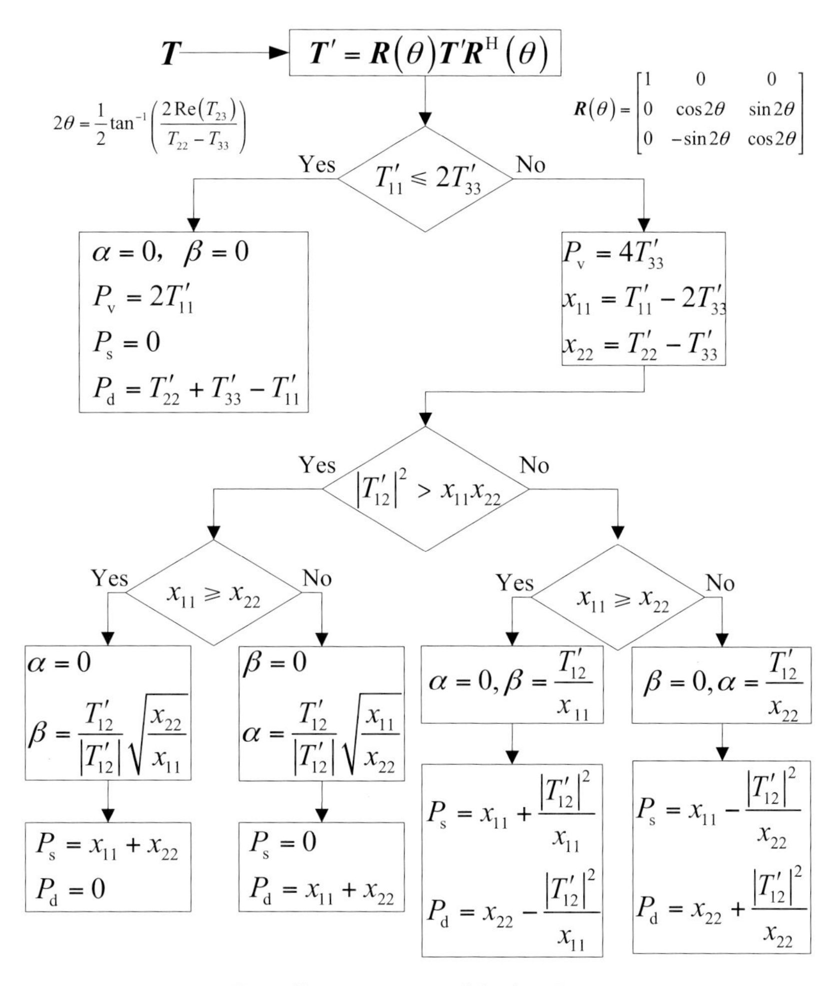

图 1　修正 Freeman 分解流程图

对具体算法感兴趣的读者，可以对照上述流程图并参考如下“去定向三成分分解方法”文献进行研究。

W. An, Y. Cui, J. Yang. “Three-Component Model-Based Decomposition for Polarimetric SAR data,” *IEEE Trans. Geosci. Remote Sens.*, 2010, 48(6): 2732-2739.

（2）Helix 分解

Helix 非相干分解方法具有如下 3 个特点。第一，分解过程无信息丢失，即分解过程中利用了待分解极化相干矩阵中的所有元素，并且由分解结果可以完全重建原极化相干矩阵；第二，分解结果中各成分的功率不会出现负值；第三，分解结果中各成分在形式上与分解中使用的体散射模型、面散射模型和二次散射模型严格相符。

Helix 分解的具体处理过程，请参考如下文献：

W. An, C. Xie, and M. Lin. “A three-component decomposition algorithm for polarimetric SAR with the helix angle compensation” IEEE International Geoscience and Remote Sensing Symposium, Beijing, China, 2016.

4. 伪彩色合成

伪彩色合成就是将极化分解结果中各散射成分用不同颜色通道进行显示，从而生成伪彩色图像的过程。

伪彩色合成可以基于各散射成分的功率值，也可基于各散射成分的幅度值，本书极化产品生产过程中对这两种合成图像均进行生产，最后成书时选择显示效果较好的进行展示。上一章图像处理过程的“伪彩色合成”后标有“（幅度）”字样的均指由各散射成分幅度值合成的伪彩色图像，无特殊标注的均指由各散射成分功率值合成的伪彩色图像。

值得指出的一点是，伪彩色合成时，体散射、面散射和二次散射 3 个成分的功率或幅度值都要按同一标准转换到灰度值，如都除以同一值以变换到 0～1 之间。这样可以保持各散射成分间的比例不变，若每个散射成分分别按各自不同标准变换为灰度值，反而会影响显示效果（这一点与 Pauli 图像的显示正好相反，Pauli 图像由于第三个通道的功率值过小，因此只能独立变换）。

彩色合成技术经典的上色方案是将体散射成分用绿色表示、将面散射成分用蓝色表示、将二次散射成分用红色表示。红、绿、蓝三色的组合可以形成其他颜色，从而实现用不同颜色表示不同极化特征。经典的上色方案示意图如图 2 所示。

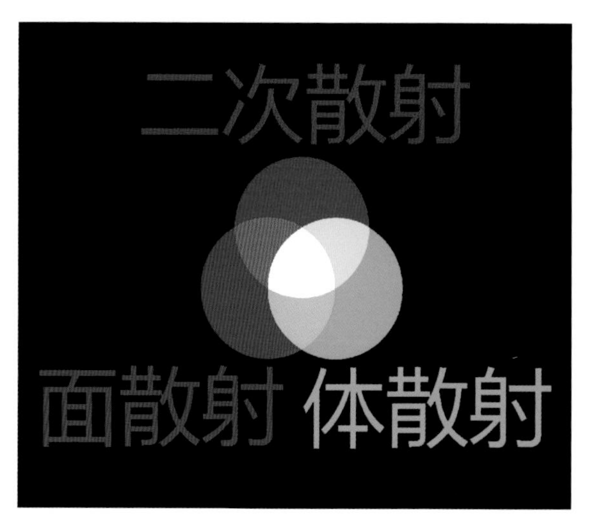

图 2　伪彩色合成经典上色方案示意图

图 2 所示的上色方案在极化图像显示领域已经是一个约定俗成的规范，为方便记忆可以作如下简单理解。体散射成分占比大的最典型地物是森林，森林通常对应绿色，因此用绿色表示体散射成分；面散射占主导的最典型地物是海洋，而海洋通常对应蓝色，因此用蓝色表示面散射成分。对于自然地物体散射和面散射通常占主导地位，这会使得极化分解产品通常会以蓝绿色调为主。扫描下方的二维码（图 3）可以观看更多的以蓝绿色调为主的高分三号卫星极化分解产品。

图 3　以面散射和体散射为主的 GF-3 卫星极化产品展示

值得指出的是上面所述的经典上色方案虽然约定俗成，但也不是一成不变的。对于个别图像为了增强显示效果，可以采用其他上色方案。因为人眼对绿色和红色比较敏感，而对于自然区域通常二次散射较少，因此有时为了更好地观察面散射和体散射区域的地物特征，也可采用使用绿色表示面散射、红色表示体散射、蓝色表示二次散射的伪彩色合成方案。如针对“5. 江苏省海水养殖”、“13. 日本有明海养殖”、“14. 长白山”这 3 个产品，更改上色方案后的结果如图 4 至图 6 所示。

图 4　用绿色表示面散射成分、用红色表示体散射成分、用蓝色表示二次散射成分后获得的江苏省如东县海上养殖 SAR 影像。绿色的醒目效果使得海洋中海水的流动趋势信息变得非常明显

图5　经过 NonLocal 滤波，并用绿色表示面散射成分、用红色表示体散射成分、用蓝色表示二次散射成分后获得的日本有明海图像。红色的山岳和蓝色的海上养殖区变得异常醒目

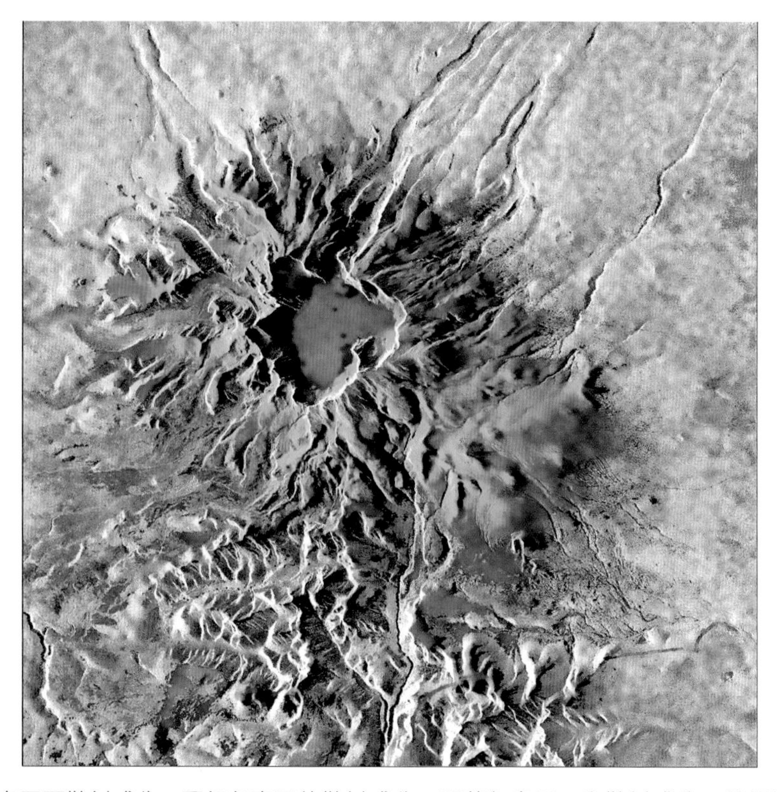

图6　用绿色表示面散射成分、用红色表示体散射成分、用蓝色表示二次散射成分，并经过图像增强后获得的长白山 SAR 影像。绿色的醒目效果使得长白山高海拔区域信息变得非常明显，天池中的两个暗点清晰可见。长白山周围的森林区域用红色显示后期，其强度变化也变得更加明明显

致 谢

最后特别鸣谢国家卫星海洋应用中心，其研发并业务化运行的数据分发系统为本书所展示的极化产品制作，提供了高品质的高分三号卫星数据查询和下载服务。该数据分发系统目前已面向公众开放，网址为 http://dds.nsoas.org.cn，随时欢迎广大读者和科研人员访问。